中公文庫

日本の星

星の方言集

野尻抱影

はしがき

「日本にはろくに星の名がない」という言葉をよく聞く。明治の昔、日本言語学の祖といわれたチェンバレン氏は、日本人は農業国民で昼の疲れで早寝をするため星にはあまり関心を持っていなかったのだろうと書き、新村出先生は後にこれに促されて、昔からの文献を探って、「日本人の眼に映じたる星」という講演をなさった。

わたしも若いころは、日本には星の名はないものと漫然と考えて、専ら海外の星の名ばかりに眼をさらしていた。それが、新村先生の右の文を『南蛮更紗』（大正十三年）で拝見すると、眼を拭われたような思いがして、初めて日本人の眼にもどって星を見はじめた。先生が古来の文学や字引・節用集から博《ひろ》く引用された星の和名は、当然に北斗・北辰・織女・牽牛・明星などが主になっていたが、中にスバルがあり、別に「昴星讃仰《ぼうせい》」というすばらしい文もあった。わたしがスバルを純粋の和名と知ったのも、この時からであるように思う。そして、その中に、

信濃の俗諺に「昴《スバル》まん時粉八合」といひ、……昴星が中する時蕎麦を種ゑると一升で粉が八合とれるといふ意味、云々

とあったのが特に興味をそそった。

それで、諏訪の矢崎才治君に、今でもその俚諺《りげん》が残っているかどうか問い合わせた。すると、それは耳にしないが、近ごろ一升ボシ（スバル）とツリガネボシ（ヒヤデス星団）の名を聞いたと知らせてきた。

これはわたしが初めて手にした星の和名だった。そういう生《な》まの方言が存在していようとは考えてもいなかったので、実にうれしかった。つづいて、島根の大庭良美君から、カゴカツギボシとスモウトリボシ（さそり座）が来た。これで日本の星の処女地がわたしのために拓かれ、視野がにわかに展開したように思われた。大正十五年のことだった。

わたしは、こういう星名を文に書き、また初放送でも発表した。それが案外に反響を呼んで、おいおいと諸地方から星の和名を報ぜられ、さらに方言研究が盛んになるにつれて、その機会も多くなってきた。わたしはこれで全国に埋れていた星の方言が想像以上に多く、しかも主として農民漁民の間にいわれているもので、都会中心の文献にそれが乏しかったのも当然であったことを知り、ひいては、日本人が星に無関心だったという説が皮相だったことをつくづく感じさせられた。

改めていうまでもなく、文化の低い時代には、世界どこの民族も自然暦によって農耕漁撈を営み、夜は、月と目ぼしい星々がたよりだった。民俗学者フレーザーは、極北のエスキモーも、北斗七星・スバル・三つ星の三種は知っていると書いている。わたしは上代の日本人もこの例外ではなかったと思う。スバルの語原が、当時の装身具御統《ミスマル》の玉から来ているという定説は、乏しいながらこの傍証であると信ずる。

文化が進むにつれて、暦も編まれ、時刻を数えるようになってきた。しかし、月や星はなおこれらの果さない用をたしていた。

それを農村についていえば、植えつけ・灌漑・収穫などの季節を誤らぬためには、星は常に農民の指標であった。例えば、江戸時代の京都の国学者畑維龍は、

……大和の国は水のとぼしき処なれば、四月頃より夏中、農民夜もすがらいねずして、星象をはかり見て種おろし、あるひは夜陰の露おきたるに苗のしめりをしり、米穀の実のるとみのらざるとをあらかじめはかりしる事なり云々。

と書いている。これは大和の農村にのみ限ったことではなかったにちがいない。

また、前記「スバルまん時粉八合」という俚諺なども、播種の時を誤らぬよう、藩政時代に全国に宣伝した農語の一例であると思う。これは今も諸地方に残っているし、二百十日前後の未明にスバルの南中を仰いで秋そばを蒔くところは少くない。また、麦蒔きもスバルと三つ星の南中に結びつけられている。

農村の夜業も、以前は同じ分量で全国的に課せられていた。そして、その時刻をはかるのに、冬のスバルや三つ星の高さがいつも標準にされていた。これも今なお地方の習慣に残っている。

漁民と星との関係がさらにも密接だったことは想像に難くない。いわゆるコンパスが海上で用いられるようになっても、方角を知るアテボシは、一年を通ずる北ノヒトツボシ・四《シ》三《ソウ》ノホシ（北斗）を初め、旧正月ごろはフタツボシ（ふたご座）、サンカク（大いぬ座）、夏・秋はカゴカツギ（さそり座）、冬はスバルと三つ星などが主なものだった。時刻の判断もこれと同様だった。

日和見には、スバルや北斗の隠見が最も用いられた。十月の「星の入り東風《ごち》」などいう星はスバルのことだった。また鹿島灘から遠州灘の漁夫は、今でもメラボシ（カノープス）が二月ごろ南の沖合低く現れるのを荒天の前兆としている。

さらに季節季節による魚の移行はひとえに星の出没・高度によって判断してきた。例えば、陸前阿武隈河口の漁夫は、「サンデエショ（三つ星）が宵に出て海から水ばなれする時が石ガレイのいちばん取れる時だ」といい、能登半島のイカ釣り漁夫は、スバルの出を合図に漁をはじめ、アカボシ・サンコウ（三つ星）と順々に昇ってアオボシ（シリウス）の出を見ると、仕事をやめて引きあげるといっている。

これらの星は普通ヤクボシと呼ばれて、季節により土地によっていろいろの星が選ばれていた。そして、星への親しみ、あるいは感謝は、ミツボッサマ、オスバルサンなどと敬称で呼ばずにはいられなかった。そして、こういう名や、今も普通に聞かれるカラスキボシ・サカマスボシ・ミボシ・ヘッツイボシとか、フナボシ・カジボシ・イカリボシその他、多く農具漁具によった素朴で無技巧な名は、土の生活や海の生活からのっ引きならず生まれ出たもので、決してロマンティックな興味によるものではない。

以上は本書の一部を引いたものだが、これらを海外の、例えば天に立ちはだかる巨人オリオン、女神ののろいによって極をめぐる大ぐま・小ぐまというような星の名や見かたと比べると、何という驚くべき相違だろうか。そして、ここにも善かれ悪しかれ、日本の国民性が考えさせられる。しかし、またこれを中国や南方諸民族の星の伝承と比べると、しばしば偶然ならざる符合を発見して、ここにも考えるべき問題があるのを思う。

さて、わたしはほとんど全国に及ぶ星の和名約七百種を、ついに集成する機会を得た。恐らく将来においてもこれ以上追加する星名はあまり多くないはずである。ただそれが顕著な星々に集中して他に疎いのは、農民・漁民の実生活にもとづく自然の結果である。

この集成について、過去三十余年にわたり常に示教と激励を与えられた新村出先生にまず感謝を捧げ、つぎに、それぞれの地方の星名を報ぜられた広島の磯貝勇、秋田の内田武志、愛媛の越智勇治郎、島根の大庭良美、群馬の長谷川信次、岡山の守屋重美、三重の川喜田千代一の諸氏。戦後には岐阜の香田まゆみ、水産研究所の石橋正、及び、アイヌの星の伝承を報ぜられた旭川の末岡外美夫氏に改めてお礼を申し上げる。

右のうち、内田武志氏は、わたしの旧『日本の星』（昭和十一）に次いで、『日本星座方言資料』（昭和二十四）を公けにされて、特に静岡地方の星名のおびただしさは正に読者を圧倒した。しかし現在ではこれは手に入り難い本であるし、氏の努力を伝えるため、また小著を完全なものとするためにも、敢えて随所に引用させていただいた。

以上の他各地の友人知己から恵まれた多数の方言も私すべきではないと思うので、力《つと》めて氏名と時に手紙をも掲げ、またいろいろと引用した方言研究の著者・筆者諸氏に対しても、同じくお礼を申し上げる。

終りにこの書が、『星三百六十五夜』に次いで、中央公論社に選ばれたことは、著者の深い面目である。そして前著では、それに引用した星の文学に対し、某誌は「昔とくらべて現代人は星を見ることが少くなったのではないかと思うほどである」と評していたが、本書の星の和名についてもそれが当てはまるのでないかと思う。

わたしは俳諧『伊達衣』に、

曙や坂田を出る帆懸船　　桃隣
数多の星の名を付て見る　　等躬

とある句をたびたび口にしては、かつてそんなうれしい時代があったのかと、不思議にさえも感じる。そして、少くともこの労作により、現在行われている外来の星の名が、一般の事物の名と同様、本来の和名でいわれる日を空想してみないでもない。

昭和三十二年　暮春　　野尻抱影

目次

秋の星…………119

冬の星

日本の星　星の方言集

春の星

ほくと（北斗）――大ぐま座――

北斗は、今いう大ぐま座の七星が、巨大な柄《え》つけ桝《ます》の形に見えるための漢名で、秋のいて（射手）座の南斗に対している。こういう漢名は、陰陽道・天文・暦術と共に推古時代に百済《くだら》から伝わって、専ら博士・学僧たちの間でのみいわれていたものと思われる。しかし、北斗七星・スバル・三つ星の三対は自然暦を代表する顕著な星の群で、古来あらゆる民族の眼に仰がれて、それぞれの伝説を生んでもいた。すでに農耕時代に入っていた上代の日本人もその例外であるわけはないので、北斗の漢名を伝える前に必ず何かの名で呼んでいたに違いない。惜しいことにその手がかりは見いだせないが、すでにスバルという星の和名があったことからも推測できると思う。

さて、北斗の漢名が民間でもいわれるようになったのは、平安時代に入って陰陽道・宿曜道で北斗・北辰を祭ることが盛んになってからである。北斗七星のうち、年の干支《えと》に当る星を属星《ぞくしょう》、または当年星《しょう》といって、天皇は元朝の寅の刻に天地四方と属星を拝し、その仏名を七たび唱えられた。

例えば、子《ね》の年には貪狼星《とんろうしょう》（α）、丑と亥の年には巨門星《こもん》（β）、寅と戌の年には禄存星《ろくそん》

（γ）で、以下午の年の破軍星《はくん》（η）に至る。

この行事は、宇多天皇の寛平二年に始まり、以後宮中の式典となった。また三月三日、九月三日の両夜にも北辰に法燈を供える御燈という行事があった。その一方、真言宗でも七曜（北斗のこと）を祭る星祭が盛んになった。

文献としては、醍醐天皇の時代、源順《みなもとのしたごう》の撰した「倭名《わみょう》（類聚《るいじゅ》）抄《しょう》」には、昴宿《スバル》はあるが、北斗も北辰も出ていない。すでに延暦十五年三月に「勅して北辰を祭るを禁ず」とある。源順がこれらにまだ和名を見出だしていなかったためであろう。

降って、一条天皇の時代に編まれた「和漢朗詠集」には、

北斗星前横二旅雁一　南楼月下擣二寒衣一　（劉元叔）

を収めていて、謡曲などにも引かれている。

やがて、北斗は「北の星」「七つの星」「七ます星」などの名で、歌集に現れている。新村出先生の「日本人の眼に映じたる星」に抜かれているが、その一首に、「源仲正家集」の、

我恋は七ます星に祈るのみ、人の思ひを空に知るなり

がある。仲正は源三位頼政の父である。

いずれも大宮人の創作した雅語で、民間にはやはり北斗か、それと混同した北辰が行われていたと思われる。それよりも、四三《しそう》ノ星の和名がすでに登場していたかも知れない〔しそうのほし参照〕。

謡曲で、例えば「熊野《ゆや》」の、

北斗の星のくもりなき、御法《みのり》の花も開くなる経書堂《きょうかくどう》はこれかとよ。

声も旅雁の横たはる、北斗の星の曇りなき。


には、やはり北斗信仰を反映しているが、後奈良天皇の享禄年間に出た「七十一番職人尽歌合」下、六十九番には、

倶舎しう、待人のくるやくるやとおもふまに北斗の星をまぼりあかしつ

という珍しい歌がある。倶舎宗《くしゃしゅう》は仏教八宗の一つである。

その後、時代が下るにつれ、北斗と北辰とは辞書・節用集や、俳書その他にも現れて、

いよいよ人口に熟してきた。これには、初め真言宗、後に日蓮宗の信仰が影響したことはいうまでもない。

辞書では、例えば文安元年の「下学集」に、

南斗《ナンシュ》、北斗《ホクト》　注、斗字従二南北一而音異也

として、南斗と読みかたを異にすることを註している。

また、安永四年の諸国方言集「物類称呼」には、

北斗　ほくと　星《うごく》なり　東国にて七曜のほしと称す、又、四三の星ともいふ

とある。「うごく星なり」と註しているのは、北辰の「うごかぬ星なり」に対させている〈ほくしん参照〉。

近代及び現代には、ホクト、ホクトシ（ヒ）チセイの分布は全国的である。これを静岡・群馬その他でホクトサマと呼んでいるのは、ホクシンサマと共に、主として日蓮信者であると思われる。

終りに北斗七星の周極運動で、斗柄（けんさき）が十二支の方角を指すことは、海上生活の方角見にたいせつな知識になっていた（けんさきぼし参照）。同時に、北斗は、日和見《ひよりみ》のヤクボシ（役星）としても、代表的な星群であった。

例えば、嘉永四年の「日本船路細見記」には、

北斗を見るに星の光りさえず。落くぼみたるやうに見ゆれば遠からぬ内雨かぜあり、その光りさえわたれり浮上りたるやうならば天気つづくとしるべし。

とあって、これは露伴先生の「水上語彙」にも引かれている。「万宝全書」にはこの類の日和見法がいろいろ載っている。

以下、北斗の和名を文献から順を追って挙げて行く。

ななつぼし（七つ星）

数でいう星の名で、北斗七星のナナツボシと、オリオンのミツボシほど自然な名はない。

ほかの名は多少とも眼に努力がいる。従ってナナツボシは古くからいわれていたと思うが、文献では平安朝の和歌に「七つの星」の雅語で、

北にすむ七つの星ぞくるとあくと、めかれず君を猶守るなる　（宗良親王　寄星祝）

夜や寒き七つの星のすむかたも、むかへるさとも衣うつなり　（尭孝　南北擣衣）

その他が見えている。終りの歌は、前掲の朗詠をふまえていると思われる。そして、江戸の辞書・節用集、例えば「類聚名物考」天文部の星名にも「北斗星　ななつのほし」と載っている。

ところで、ナナツボシは広くいわれていたと見えて、今でもほとんど全国で聞かれる。北は青森・岩手から、南は奄美群島のナナトゥブシ、八重山群島のナナチンブシ、チン・ナナチに及んでいる。静岡地方にはナナボシもあるという。俚謡には、

北の子《ね》の星や動かぬ星で、ついてまわるが七つ星　（呉市吉浦）

があり、瀬戸内の島々では、「ナナツボシが北ノネノホシを攻めようとするのを、ヤライボシが防いでいる」といっている〔やらいぼし参照〕。

時には、キタノナナツボシと呼ぶ地方があって、内田武志氏は沼津附近と、青森の下北郡地方を挙げている。わたしの甥（故大島正隆）は隠岐の島後《とうご》でこれを聞いた。キタノヒトツボシ（北極星）に倣《なら》ったものだろう。

しかし、ナナツボシは地方により、スバルの異名でもある。これは肉眼では六星で、普通ムツラボシだが、北斗の名がいつとなしに移ったものかも知れない〔すばる参照〕。

なお、江戸初期の「撮壌《さいじょう》集」には「七星《シツシャウ》」とカナを振っているが、群馬の長谷川信次氏から、利根郡でヒチジョーサマといい、北甘楽郡でヒチジョーケン（七星剣）サマと呼んでいると報ぜられた。共に北斗の信仰に出ているに違いない〔けんさきぼし参照〕。

しそうのほし（四三の星）

「四三の星」を文字だけ見たのでは、北斗を枡《ます》の四星と柄《え》の三星とに分けた単純な名としか思えない。しかし、四三を「シソウ」と読むところに由来がある。

わたしがシソウノホシの名を初めて知ったのは、昭和七年で、愛媛壬生川町にいた越智勇治郎君からだった。瀬戸内の老船頭の話として、シソウノホシとは何の事かと思いましたら、サイコロ二つを振って四と三とが出たときの目を「シソウ」と言いますので、それから出ている由です。この話をしてくれた老船頭はもう何十年というほど帆船に乗っている人で、真闇の玄海や周防灘を夜どおし不眠不休で航海したそうです。そんな時は舵づかを握って空ばっかり見ておったとの由で、星はネノホシ（北極星）とシソウノホシ（北斗七星）とを見ておったと申しました。ですから、この星は相当永く船乗仲間に伝わっている名と思います。

と書いてあり、なおシソウの意味を問いただした時は、ちょっとまごまごしたという。つまり、丁半賭博の話で、わたしは「四三《しそ》の星、天の壺皿こぼれけん」などと即興句を作ったりした。

これは北斗の和名としては初耳だったし、サイコロを二つ振るのは昔の盤双六の勝負からきているように思ったので、四三の名を昔へさかのぼって探し、星名の文献をも見出したいと思った。

すると、双六盤の上で二つの賽《さい》を筒《どう》から振り出す目には二十一あって、中に三一《サムイチ》、三六《サブロク》、六四《ロクシ》、四一《シッチ》、四三《シソウ》、五一《グイチ》、五四《グシ》など特殊の読み方があり、「四三」はその一つであった。

双六が伝来したのは文武天皇の時代で、「万葉集」にも「雙六之佐《サ》叡《エ》」などの字が見え、奈良から平安へかけて盛んに流行したことは、物語や草子、歌謡などに載っている。そし

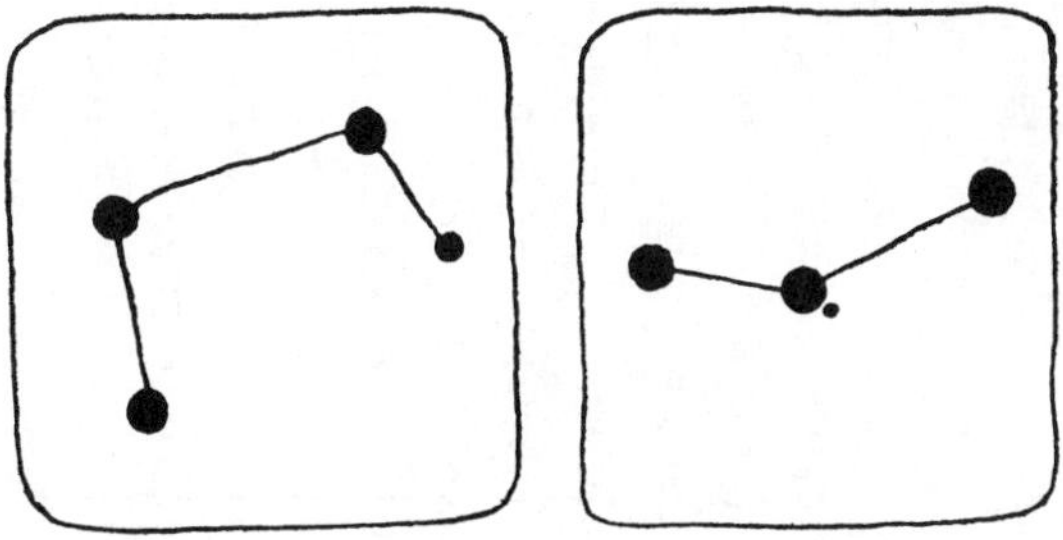

しそうのほし

て四三については、「催馬楽《さいばら》」の「大芹《ぜり》」に、

　五六がへしの一二の籌《さい》や四三の籌《さい》や

とあり、後白河法皇撰の「梁塵秘抄」の今様には、

　博打の好むもの平骰子《ひらさい》かな骰子《さい》四三さい、それをば
　誰（か）うち得たる、文讃京讃月々清次とか

とある。「文讃京讃」は、双六の名人の文三、刑三であるという。

　では、なぜ「博打の好むもの」が特に「四三さい」であったのだろうか。

　文安の「下学集」には、後一条院が四三の目を望んだところが、それが出て勝ったので、賽に五位を与え、朱衣を賜わって、以後四と三との目には朱を入れ、朱四朱三と呼ぶことになったとある。もっともこれは、唐の玄宗と楊貴妃が双六を争った時の故事に倣ったものかという。

しかし、その道の人に聞いたのでも、四と三の目が出る確率はそう少くはない。それを特に重んずるようになったのは、陰陽道で尊崇する北斗七星の布置に似ているためではなかったか。そして、この賽の目の名をシソウと呼び、それが再転して北斗の和名となったのではなかろうか。

こうわたしは考えて、シソウノホシの名もすでに平安時代に行われていて、「枕草子」に「星は　すばる」云々と書いた清少納言なども知っていたのではないかと臆測している。ところで、瀬戸内のシソウノホシを入手してから、この星の名はおおいに集まってきた。身辺にも文献があったのを見落していたのに驚いた。

まず近世では、安永の方言集「物類称呼」、北斗の条に「又、四三の星といふ」とあり、「和漢三才図会」にも北斗を「俗云四三之星」とあった。この和名が江戸時代に広く行われていたことに間違いはない。

さらに時代をさかのぼると、新村先生が「スバル星の記」に、伊予の能島家伝の「日和《ひより》見様《みよう》」の中に、

四三の星、一つ星などゝて用るは船中にて方角を知らん為也。

とあるのを引用しておられた。能島家は毛利元就の水軍で、倭寇の驍将《ぎょうしょう》であり、その祖先は平安朝の海賊に発していた。

また、室町中期の「義経記」の巻四、義経が月丸という大船に乗り南へ落ちて行くくだりには、

　空さへ曇りたれば、四三の星も見えず、唯長夜の闇に迷ひける。

とある。同じ時代の「厳島大明神本地縁記」には、「四相の星」とあるというが、語意を誤ったものだろう。

しかし、わたしが忘れることのできない発見は、昭和九年の春、ＡＫが放送した、熊野那智大社に伝わり、維新後久しく廃滅していたという田楽舞の御田植の歌詞に、

　青い雲がさし出たよ、しその星かな、ヤヨカアリヤ、ソヤソヤソヤソヤ、アリヤソヤ

とあったことである。これで、四三ノホシを田楽舞の時代まで跡づりることができた。同大社の行事案内にも四三の星とあり、「ヤヨカ」は八日と解している。この舞は後に無形文化財となった。

次いでその翌年の春、全国郷土舞踊民謡大会で、高野山の奥、伊都郡花園村梁瀬の人々のやった御田《おんた》の神事で、「婿舅名乗り」の歌詞の中に、

（座　歌）あゝにしやもよにしやもによ、青い雲に白い雲に、白い玉によ白い玉によ、

（下座歌）あゝ白い玉によ白い玉によ、二、三、の星が立ちや、しげもよしよしげもよしよ

とあった。毎年正月八日に大日堂で行う神事で、約三百年前に京都方面から学んだといっている。「にしやも」の語義は判らぬというが、この「二三の星」が「四三の星」の転訛であることは疑いもない。「青い雲」も通じているし、「白玉」は、田植歌や神楽歌にはよく出る言葉である。

しかし、もう一つ、わたしの小さい発見がある。戦後、佐佐木信綱先生の「中世歌謡論集」を読んでいる間に、「伊勢神楽御巫本」という書に、法師が執り行った神楽の歌詞に、

秋のゆうべは常よりも旅のそらこそやさしけれ、ほうわうしそうの夜のほし、我等と共にぞ夜をあかさん。

というのがあり、起原は未詳だが、「おそらく室町初期に存在したのではないか」と註されており、「梁塵秘抄」の四句神歌と多く符合しているとも書かれていた。

これと同時に博士は、博物館蔵の「今様歌抄」（古今目録抄）の中から、

秋の夕べは常よりも旅の空こそあはれなれ、ちうわうちさうの夜の月、我れと共にて山を越え。

とあるのを引き、「鎌倉時代に謡はれたものを誰か書きとめておいたものと覚しい」と註せられ、もと法隆寺の顕真得業の手より出たものとあった。

この二つの歌詞は明らかに同じ本歌から出ている。そして「しそう」は北斗の四三で、「ちさう」はその訛りのように思われる。しかし、時代順で「ちうわうちさうの夜の月」が先で、「ほうわうしそうの夜の星」が後の誤写だとすると、この推定は通らない。また、「ほうわう」には仮りに鳳凰が当てられても、「ちうわう」は何とも判断できない。

それで佐佐木先生の教えを乞うたが、確答は与えられずに終った。

しかし、その後某教授の考証によってこの歌詞は、「白楽天詩集」巻二の、

親故尋回レ駕。妻孥未レ出レ関。鳳凰池上月。送レ我過二商山一。

に由ったことが明らかになって、星にこだわっていたのが愚かしかった。「しそう」も「ちさう」も「池上」であった。ただ、こう誤られたのは、当時すでに四三ノ星の名が行われていたためと臆測する余地があると思う。

さて、今日でもシソウノホシ、シソウボシ、シソボシや、その訛りを伝えている地方は、愛媛・広島・山口・高知・和歌山・三重・静岡・茨城・千葉・神奈川等に見いだされる。内田氏によると、静岡賀茂郡稲取町では「サンボシシソウ」といい、シソウを枡の四星と見ている。そして、これが山の端に出る頃が麦のまき時という。

姫路地方や隠岐では、「シソウ七つ」で、四と三で七つだと説明しているが、山口や広島では、「シソウ七つに（で）星八つ」といい慣わしていて、山口の老船頭は越智君に、シソウの二番目の星についている星を加えて八つと数えると答えたという。これはソエボシである〔その項参照〕。

なお、瀬戸内海には、同じくシソウでもシソウヤライノナナツボシ、シソウナライノホシなどと呼んでいる島がある。これはシソウがネノホシ（北極星）を取って食おうとするのを、ヤライボシが防いでいると見るための名である〔やらいぼし参照〕。

終りに、磯貝勇君が四国石鎚山で聞いた、

スマル、カセボシ　入る処《く》はあるが、わしら　シソボシ入る処《く》ない

という俚謡は、シソウボシの周極運動をいった珍しい唄で、誰しも大熊に化せられて地平に入ることを許されぬ運命となった美女カリストーの神話を連想する〔かせぼし参照〕。

ひちようのほし（七曜の星）
ななよのほし（同）

あねこ見るより空の星見ないが、空にゃひちよの星もある

これは八戸《はちのへ》附近の盆唄で、和泉勇氏から知らせてくれた。ヒチヨノホシは七曜の星で、北斗七星の方言である。

江戸の「物類称呼」には、北斗のくだりに「東国にて七曜のほしと称す」とある。江戸で育ったわたしの母も、ヒチヨウの星の剣先にあたって生まれた人は気が荒いと聞いたと話していた。今日でも茨城・群馬・静岡・長野・岐阜から山形・岩手・青森、飛んで函館や枝幸にも、また福岡にも、シチヨ（ー）セイ、ヒチヨボシ、ヒチヨノホシその他の訛りが残っている。

かつて秋田の本荘にいた安藤鶴子夫人は、由利郡熊野神社に伝わる神楽歌、

あらおもしろの天竺の七曜の星は曇るとも、心の月は曇らじと、いま三尺の剣を抜いて悪魔を払ふそのために。

と、同平鹿郡の神楽歌、

あらおもしろの天竺の七曜の星は曇れども、わが打つ神楽曇らざりけり

を知らせてきて、肥後国落ちの侍夫婦が居住して若者たちに伝えたものと註してあった。これは、加藤清正の二代忠広が熊本を追われて出羽庄内へ流れて来た事実と関係があるに違いない。

そしてこれにちなんで書いておきたいのは、伊豆新島の「もといさみ」という神楽歌に、

天竺のひそうの星はくもれども、ハーくもれども、わが氏子にはくもりかけまい

があることで、本歌が一つであったことは疑いがないが、後者で七曜が転じて「ひそう」

（四三ノホシ）になっているのは興味が深いと思う。

こういう七曜は、すべて北斗信仰を表わしている。丹後でいうナナタイボシ（七体星）なども同様であろう。

次ぎに、七曜をナナヨと呼んだり、これに七夜の字を当てている地方は、あちこちにある。

例えば大崎正次君の報では、陸前志津川町のえせん節に、

出て見ればヤエエ七曜《ななよ》の星は横になアるトエエ、わが夫はいつ来て床に横になアるウエエ

という唄が残っている。

内田氏によると、伊豆の下田町その他では、「七夜」と書いてヒチヨと呼んでいる。また田子ノ浦附近では、「ナナヨノホシは七月から九月にかけて富士山の周りを回る」といっているという。これは画になる。

愛知の春日井郡では北斗はオナナヨサマである。茨城の岩井では、七曜をナナヨセボシとも呼んでいるという。

終りに七曜は、中国の天文説で日・月・火星・水星・木星・金星・土星の総称である。

それがいつの時代にか北斗七星の和名に転じたもので、ちょうど九曜がスバルの異名となったのと同断である。

故沼田頼輔博士の紋章研究によると、醍醐天皇の承平年中に、平良文が同族の常陸大《だい》掾《じょう》国香と不和を生じて数度の戦に敗れた時、妙見菩薩が軍の前に現れて良文の勝利となった。それで良文は深く妙見に帰依《きえ》し、子孫の千葉氏に至って妙見を象徴する月星を家紋とし、その一門は七曜・九曜その他の星の紋を用いるようになった。千葉氏は下総を中心に武蔵・上総・常陸から、遠く陸奥地方まで威を振っていたので、これらの紋どころも広く分布したという。七曜・九曜が正しい意味を失ったのも、そしてこれらの方言が東国を主としているのも、ここに主たる理由があるかと思われる。

ひしゃくぼし（柄杓星）
かぎぼし（鍵星）

ヒシャクは北斗の「斗」と同じ見かただが、自然に日本で生まれた名である。中国の斗には、大きな枡に柄のついた民具もあるが、出土品には青銅で柄に美しい彫刻を施したものもある。和名はこの訳名ではなく、もちろん素朴な台所用のヒシャクに見立てたものである。

この名の分布が広いことも想像に難くない。例えば、内田氏の採集では、ヒシャクボシ、ヒシャクノホシ、シャクノエボシ等々が、静岡県の全部、それから二十数県に及んでいる。大分地方のヒシャクボシは「豊後方言集」に載っていた。

これと同類の見かたには、

シャクシボシ（山口大島郡）　シャモジボシ（愛知一ノ宮）　トッテボシ（岩手下閉伊郡）

などの方言がある。また、これと通ずるのは、

マスボシ（秋田・弘前・福井）　サカマスボシ（鹿児島・種子島）

サカマイドン、サカマシ（南方薩摩方言集）

で、いずれも北斗七星のことという。つまり柄のついた酒桝のことだが、これはオリオンについていう地方が多い〔さかますぼし参照〕。

次ぎにおもしろい名は、

カギボシ（鍵星）　群馬・福井・佐渡・広島

である。初めこれを利根郡で、頭が直角に曲った柄のふとい、蔵の人鍵に見た名として、長谷川信次氏から画入りで報ぜられた時は、わたしは山里の夕明りに立つ土蔵の白壁とひっそりした庭にひびく鍵の音を空想した。さらに昔のギリシャで、北斗に対立するカシオペヤのWを「ラコニヤの鍵」と呼んでいたことを思い出して興味を深くした。

ところが呉の吉浦の畝川哲郎君から、次いで佐渡外海府の森下氏からもカギボシを報ぜ

られ、また静岡焼津町のクラカギが滝山昌夫君から来て、わたしを驚かせた。

なお、倉田一郎氏の「佐渡海府方言集」には、「ツルカケボシ（北斗七星）」がある。鍋づるをかける自在鍵の形と見たものと思う。すると、初秋の西北の天頂からぶら下がる北斗七星だろうか。これも鄙《ひな》びた好い名である。

それから、「瀬戸内海島嶼巡訪日記」の星の呼称に、

カドヤボシ　シソーナライノ（ママ）ホシともいう。北斗七星のことという。（香川仲多度郡与島）

とあるが、カドヤの意味が判らない。そして、他の島のカドヤは、ふたご座の二つ星をいうものらしい（ふたつぼし参照）。

その他ローカルな名には、内田氏は沖縄島尻郡のカジマヤーブシ（風車星）を引いている。おもちゃの風車の長い柄のついた形を北斗に見たものらしい。また桑原昭二氏の「はりまの星」には、室津地方のハリサシボシ（針さし星）、ハリコシボシがある。裁縫の針山に似ているからだという。

もう一つ。本田実君の報告の、広島沼隈郡でいうタノクサボシ（田の草星）は、七つ星を村の乙女の列と見たもので、故老は、「あのように並んで草を取るものだ」と教えると

いう。青田のいさぎよい風を感じさせられる。

かじぼし（舵星）

これは北斗七星の形を船の舵《かじ》に見たので、初秋に西北の中空から垂れている時が最もその実感がある。

この名は初め磯貝勇君が瀬戸内海の旅で、尾道から同船した前「渡海《とうかい》」の老船頭から、ネノホッサン、フタツボシ、ミツボッサン、スマルサンの名と共に教えられた。「カジボシはナナツボシともいうし、舵によう似とる」と説明したという。

その後、敦賀の藪本弘氏から、カイジボシという名を報じて来て、

カイジボシ（カイジは舵の方言で北斗七星）は、毎夜毎夜ネノホシを取って食おうと、その周囲を回って、食わせまいと邪魔をするヤロボシ（野郎星?）の隙をねらっているというのです。カイジボシは若狭地方の漁船の舵を知っている人は、なるほどと肯き得るほどよくその型を表わしています。ネノホシは、もちろん北極星のこと、ヤロボシは小ぐま座のβ・γです。以上は若狭の小浜に近い西津村の老漁夫に聞いた話です。

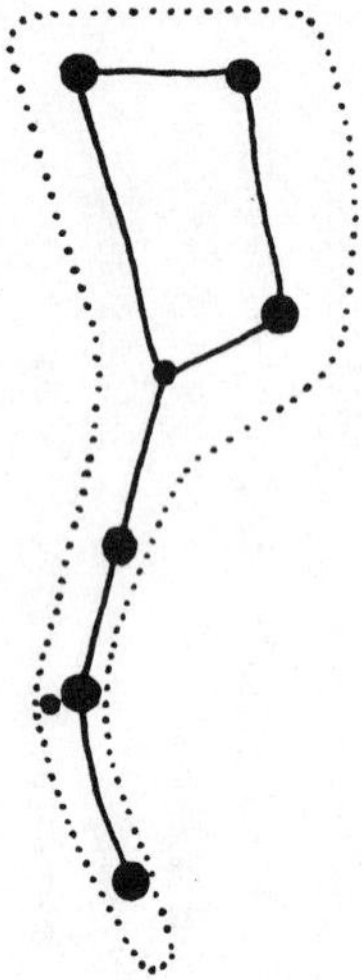

かじぼし

とあった。

カジボシの周極運動を説明化したものもこれが初耳であったし、また、同じ北斗の異名のフナボシや、ネノホシを中心に対立するイカリボシ（カシオペヤ）の名と併せて、いかにも海の星の名にふさわしいと感心させられた。

これを発表すると、同じ福井の半沢正九郎氏から、坂井郡雄島村梶浦の老婆から聞いたナンボヤ踊の、

とろうとろうのカジボシまわる、とらせまいとのカジボシが

という唄がとどいた。ただし、下の句はもと「とらせまいとのヤロボシが」ではなかったかと思う〔やらいぼし参照〕。

なお、呉の吉浦の漁夫の間でも、ナナツボシは一名カジボシで、また、カタキボシ（仇星）ともいい、ネノホシの仇とねらわれていると言っているという。

その後カジボシは、岡山・愛媛・静岡・富山・石川・佐渡・雄鹿半島でも採集された。

宮津正氏によると、浜名湖附近では、北斗をヒチヨウノホシとも、カジボシともいう。

ところで、倉田一郎氏の「佐渡海府方言集」には、

カジボシ　秋の頃夕方から北の中天に現れる星、南天に出る七星の名とも謂っている。また北斗星であると説く人もある。

とある。少しあいまいだが、「南に出る七星」というのは、秋のいて座の中の南斗六星をさすものに違いない。

これは、能登半島の宝立町の老漁夫が、北斗に対して、「北ノ大カジ、南ノ小カジ」といい分けていたという話、また富山氷見町にも北のカジボシ・南のカジボシの名があるという話が傍証となる（南斗参照）。

ふなぼし（船星）

これは北斗七星が、春から初夏へかけて北の中空に横たわる時の、頭の二星をのぞいた五星が船の形に見えるものをいう。西端のγ δが船尾、$\zeta\eta$が東へつき出た船首である。

フナボシの名は、初め島根の大庭良美君が昭和六年にミボシ（南斗）と共に村老から聞いたもので、「海に親しむ生活が、自然に星のつづる船の姿をも発見させたのでしょう」と書き添えてあった。出雲・石見は神話の国である。わたしは「万葉」の長歌に「天雲に磐船浮《いはぶね》べ」などとある天の磐楠船《いわくすぶね》のことを、このフナボシから空想した。

次いで、磯貝勇君は、フナボシが広島の音戸町附近でもいうことを報じて来た。音戸ノ瀬戸ならば一丈五尺の櫓がしわる船であろう。しばらくして大分の中津町からも、中野繁君が同じ名を書いて来た。天ノ橋立附近ではフナガタボシといっている。

その後また磯貝君は、沖縄宮古島出身の川満氏の話として、同島にフネボシ、またはフニブシの名があって、北斗七星をいうものらしいと報じて来た。これは、やがて宮良当壮氏の大著「八重山古謡」第二輯「ウフナ星ユンタ《ブシ》（歌）」を読んで明らかになった。第一歌にはウフナ星とあり、第二歌にはフナー星とあって、訳にも北斗七星を当てていた（琉球の星参照）。

この沖縄のウフナブシは、他の多くの方言と同じく内地から伝えられ、それを訛ったものだろうと思うが、次ぎの理由で多少考える余地がある。

わたしは当時、故松岡静雄氏の訳述「南溟の秘密」で、マーシャル島民が北斗七星を神の船と見ているのを読んだ。全文を引く――

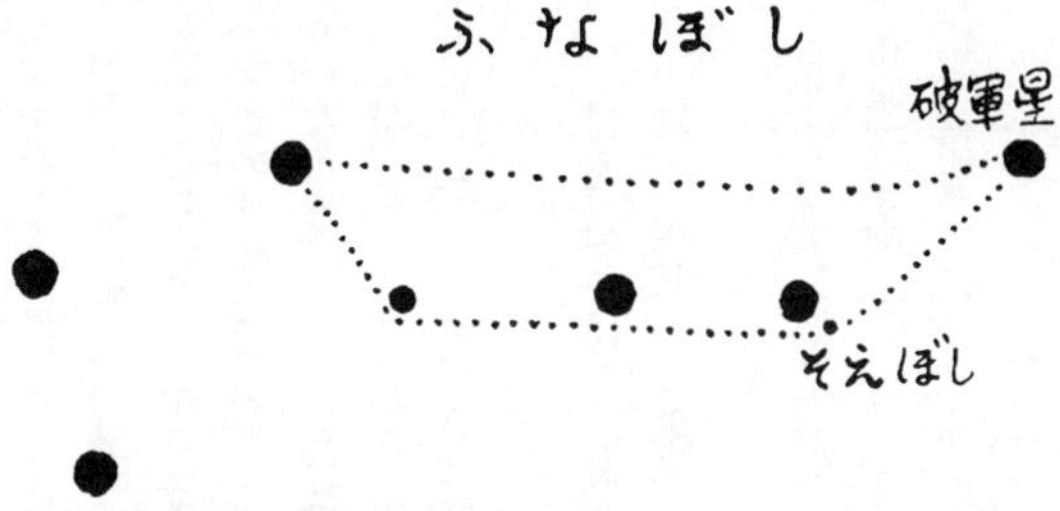

ふなぼし

ワ・エオ・アン・ヂュムール（wa eo an Dümur）大熊座（北斗）γ・δ・ε・ζ・η（天機、天権、玉衡、開陽、揺光）「ワ」は舟である。ヂュムールといふ神の舟の意。其のδ・ε・ζは舟の竜骨《キール》で、$\gamma\eta$は両首尾《ステム》材である。舟人レグージャブエの説によると、同じ星座の$\alpha\beta$星は、昔の舟の草束の飾で首尾にかかって居るものであるといふ。

これは内地のフナボシとまったく同じ見かたで、和船でも千石船なら$\alpha\beta$を船首飾りと見ることができるだろう。しかし、マーシャル島民の星の見かたを沖縄へ、内地へと結びつけるには、まだ距離が遠過ぎた。わたしはフィリピン群島に目をつけていた。

やがて、戦争が南へのびて、南洋の星名が大分手に入った。そして北斗七星のマライ名は普通ビンタン・トゥジュー（七つ星）だが、一名をビンタン・ジョン（船の星）で、バリー島ではサラット・ジョンということを知った。ジョン jong はスペイン語の junco から出て、マライ語を通って、中国語のジャンク junk ともなったことは周知である。

わたしは沖縄の勇敢な漁民が古くから山原船《ヤンバル》で二千マイルの海を渡り南洋へ往来していたことを思い起した。そして、ビンタン・ジョンと、ウフナーブシと、ひいて内地のフナボシとの連鎖を見いだしたと思っている。なお、これを前記マーシャル群島へ延ばしてもいいだろう。ここの島民はインドネシアを故郷としているからである。

なお、わたしの知る限り、西洋には北斗七星を船と見た名はない。また、中国の星名に「天船」があるが、これはペルセウス座の弓形をいう。

けんさきぼし（剣先星）　――おおぐま η――
はぐんせい（破軍星）

北斗七星の柄の先がケンサキボシで、画でもしばしば剣がついている。漢名は揺光で、「和漢三才図会」の北斗の図には、揺光に「俗曰破軍ノ剣鋒《ケンサキ》」と附記している。天明の「雑字類編」には「斗柄《ケンザキボシ ハグンノケンザキ》」とある。斗柄は柄の三つの星であるが、揺光一つをもいう。

北斗がめぐるにつれ、一昼夜に、また十二カ月に、剣先は十二支の方角を指す。陰陽道ではその先に金神《こんじん》が位すると見て、その方角に向いて戦えば必ず敗れ、また公事《くじ》や勝負事に不利であるとした。それで、破軍星として日本にも聞えている。

今では廃れた謡曲「星」は、破軍星が漢高祖に味方して項羽に勝たせるという筋だが、

勝つことを空に知らする星の名の、星の名の破軍星を守りつつ云々

の詞句がある。

近年までも賭博をやる時に、この星の方角を考えて座を取ったという話はあちこちで聞かれる。

しかし、それ以上に破軍星は、海上で方角見に用いるたいせつな星で、これを「破軍を繰《く》る」といった。伊予の水軍野島家伝の「破軍北辰の事」には、

破軍くり様船乗不知の時は方角に迷ふ事あり、時四つ去て月の数正五一とするべし。


とある。

また、嘉永の「日本船路細見記」の「洋《おき》にて夜中時を知る事」には、

夜中時を知らんとおもはゞ磁石を以て方角を極め夫より破軍星のけんざきの向ひたる

方を考へ夜時計に換よ云々

とある。こうして、この漢名が昔から和名化していたことがよく判る。

ケンサキボシは今日でも諸地方でいわれる。愛媛の伊予郡では、「ネノホシが動かぬように守っているのはケンザキボシ」といっている。

群馬の群馬・勢多郡で北斗七星そのものをケンボシ、ヒチケンボシといい、同新田・北甘楽・田野郡でヒチジョー（ノ）ケン（七星の剣）というのも、また、瀬戸内の島々のシソノケン、チソノケン（四三の剣）も、北斗を第七星を切っ先とする剣と見た名である。岡山の前島では、「ハグンサマはネノホシを取りまいて、七つある。これがネノホシをまわったら夜が明ける」という。

ハグンノホシも諸地方でいわれているが、これを訛ったハグリボシ（宮崎飫肥《おび》町）、ハクウンセイ（和歌山日高郡）、ハグセノホシ（奈良添上郡）などもある。熊本隈府では一名をイクサボシという。

そえぼし（輔星）——大ぐま　重星——

北斗七星の第六星にはすぐ近くに小さい星（アルコル）がくっついていて、普通の視力にはたやすく見わけがつく。漢名では第六星は開陽で、この伴星は輔といい、宰相にかたどられていた。「和漢三才図会」にも、

輔星明かにして斗明かならざれば、即ち君弱く臣強し。斗明かにして輔明かならざれば、即ち君強く臣弱し。輔星若し明かに大にして斗と合ふ時は即ち国に兵暴《には》かに起る。

とある。

日本でも陰陽道ではこの小さい星に注意していた。応永二年（一三九五）の「宴曲集」で日光山を歌った補陀落《ふだらく》霊瑞の中に、「小玉殿の社は輔星《フセイ》の垂跡なりけり」の句があるので、「フセイ」とも読んだと見える。

江戸の「分類大節用集」には、

輔星《ホセイ》　陰陽家所謂金輪星。又出
太山府君是矣〇出レ曽

とあって、曽《ソ》を引くと、

輔星《ソヘボシ》　孟康曰在㆓北斗第六開陽旁㆒

とある。そして、宮内省図書寮にある後陽成天皇（天正—慶長）の御宸翰星の図に「ソヘボシ」とカナで記入してあるのが、この和名の文献として有名である。

陰陽道では、北斗の第六星は武《む》曲星《こくしょう》で、輔星を（前掲のように）金輪星《こんりんせい》ともいった。仏画の北辰妙見菩薩を見ると、左手の上に捧げている蓮華の上に北斗七星が載っていて、この星もはっきりと現れている（ほくしん参照）。

ソエボシという名は、今でも時に聞くことがあるが、いつか八ガ岳の高原で会った老人は、ソエボシを特殊の星ではなく、大きな星のそばについている小さい星のことと説明してくれた。

呉市の故畝川哲郎君は、吉浦の漁夫の話として、「学生さん、あんたら知るまいが、星は昼見えんというが、わしらは見ることがあるんで、日が照っちょっても見えたがのう。ほ《そ》して、カジボシ（北斗）の上から二番のが、こまかい星を連れちょるのが、あんたらじゃ知るまい」といったと書いて来た。

次いで、倉橋島へ行った時、老漁夫が、畳の上に指先でカジボシを描き、ソエボシをも添えて、

「これはジュミョウボシ（寿命星）というて、正月にこの星の見えん者は、その年の中に

死ぬるんじゃ」

と話したと書いて来た。宮中の行事に似た、元日に星を見る習慣が漁村にも残っていたものと見える。

「アラビヤン・ナイト」には、アラビア人は、この淡い星を見て視力を試したとあるし、今の印度教徒は、これを結婚を祝福する星として、その見える季節を選んで式を挙げると、本田実君は南方で聞いたという。この他、ソエボシはいろいろの話題に富んでいる。

以上で北斗七星に関する方言を終った。

といかけぼし（樋掛け星）　――しし座――

カシオペヤの和名イカリボシを発見するには、十年近くもかかったが、しし座の和名には十数年も待ちくたびれなければならなかった。

これは名に負う春の大星座で、αのレーグルスは黄道上に位置して白光を放つ一等星、西洋では航海をつかさどる四王星の随一になっていた。

従って当然、日本でも役星・当て星の一つであるはずで、必ず然るべき名があるに違いないと、わたしは機会のあるごとに探索してみたが、さらに得るところはなかった。

戦争の末期に、海軍の航空隊から人が来て、兵用に星の和名をつけてもらいたいと依頼された時にも、この一等星には困った。それで山本博士にならって、星座の名による「しし星」を提案した。しかし純粋の和名があれば、それに越したことはないので、その後も望みは捨てずにいた。

すると、昭和二十六年に、岐阜揖斐郡谷汲の香田まゆみ君が、星の和名を小学生の家庭について調査した結果、しし座の西半部、英語で the Sickle（草刈り鎌）という半円に柄が直立している形を、トイカケボシ（樋掛け星）とよんでいることを発見して再三確かめた上で報らせてきた。つまり、雨ドイをかける金具の形と見たのである。わたしも、日本の鎌とは違うこの形をいろいろと考えて、ようやくタモ（手網）を思いついたことがある。それがトイカケとは、まったくどぎもを抜かれた。どこの誰が初めての命名者なのだろう？　いずれ山民か農民であろう。

ところが、三年ほど後に、地震前に現れるというニジの研究で有名になった椋平広吉氏が、丹後の天ノ橋立地方の星の和名を雑誌「天界」に発表した中に、

イトカケボシ　　獅子座。農夫が常に気にする星で、この星がキラキラ光る夜がつづくと、その年は豊作である。

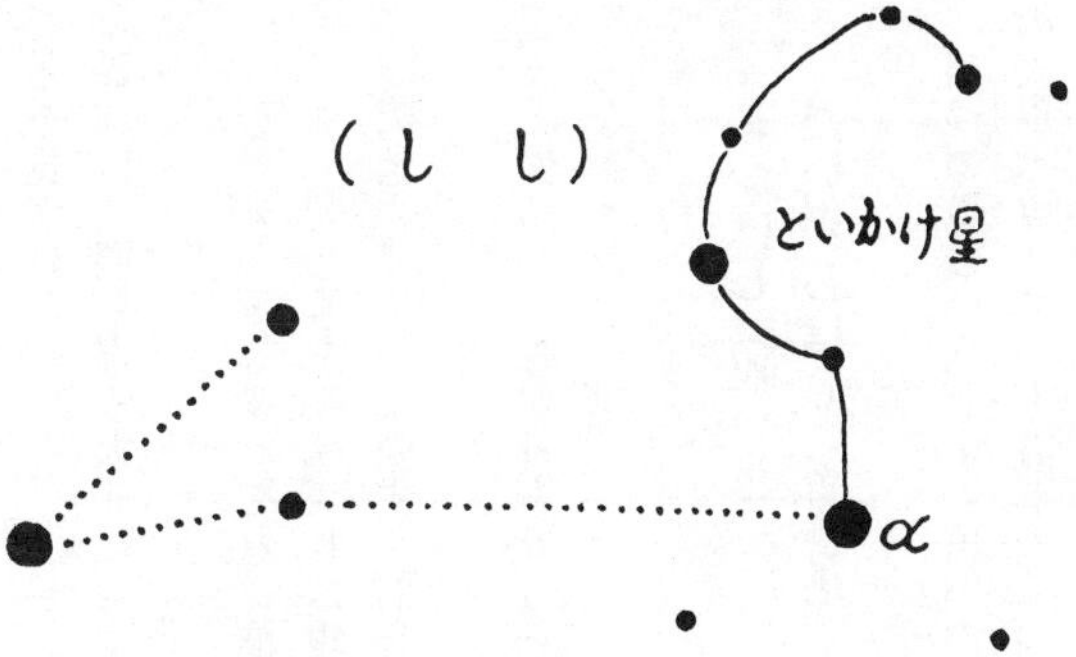

といかけぼし

という報告があった。おそらく、トイカケと伝播関係があるらしい。そして、これによって西美濃山地のきわめてローカルだった名が、正面に出ることになって、しかも農作に結びついたので、わたしの満足は大きかった。

　こうしてわたしはこれを定称に用いているが、ただレーグルスの単独の名でないうらみは残る。しかし、この春の夜をひきいる一等星の和名は、きっと今後現れてくるに違いないと期待している。

　ついでながら、トイカケボシの柄のすぐ西に小さい三つの星が縦にならんでいる。おぼろ夜には見つけにくいが、これが江戸時代の物識りが口にしたサカボシ（酒星）で、俳句にも、

　たなばたのお酌に立つや酒の星　貞室
　酒星《さかぼし》を見に出て蛙聞く夜かな　白雄

などを見かける。

これは、酒泉郡の太守だった李白が「月下独酌」で、

天、若し酒を愛せざれば酒星天に在らじ
地、若し酒を愛せざれば地応《まさ》に酒泉なかるべし
天地すでに酒を愛す、酒を愛して天に愧《は》じず

云々と慠語したのが日本でも一時持てはやされたためで、しかし、一般化されるまでには至らなかった。

よつぼし（四つ星）
だいがらぼし（台碓星）　　――からす座――

四つの星というとすぐ思い浮ぶのは、春から初夏の南の空のか、ら、す座の梯形、秋から冬の天馬ペガススの大方形の二つである。それで、ヨツボシ、四ボシ、時にヨスマボシの名が共通していわれる。

しかし、からす座のヨツボシは形が小さく鮮かにまとまっているし、程よい高さで東から西へ動いて行くため眼に入りやすいので、農村・漁村では天馬座のものよりも広く知られており、異名も豊富である。

静岡地方のヨツボシについては、内田氏の採集が詳しい。これは四ボシという榛原郡相良では、「冬の明けがた、三つ星が西にしずむころ、東南方に見える四つの星」といっているという。

かつて故浅居正雄君も、同郡白羽で会った八十歳ぐらいの老婆から、嫁に来た時、家の老人から四ボシを教わったといって、乾してあった麦の上に、明らかにからす座の形を描いてくれたと話した。

また同村では、内田氏によると、単にヨツともいい、暁天にその出現を見て、秋のもの み（農作物）をまけば、穫れぬことはないと信じている。そして中央に星が見えると、長雨が降るという。さもなくとも、この星座が夕方南中するころは梅雨にかかる。

これは、四辺形の中央にぽつりと見える五等星であろう。からす座は二十八宿の中の軫《しん》宿で、この星は長沙星といい、昔の中国でもこれの隠見によって風雨を占っていた。

なお、舞鶴ではこの四星をヨンボシ、呉の吉浦ではヨツバリという。徳島では一名を「四マス通リボシ」というと小松崎恭三郎氏の報にあった。意味不明だが、静岡地方でいうヨスマボシ（四隅星）に通じているように思う。

次ぎにからす座の方言に、

ダイガラボシ（台碓星）　広島・山口

がある。ダイガラは、広島・山口・島根等の地方でいう踏みウスの方言で、ダイカラウス（台碓）の略である。萩の松下村塾に残っている吉田松陰が本を読みながら踏んだ臼にも、「ダイガラ」と説明が掲げてある。

初め磯貝君はこれを「がんばっているような形の星」と聞いた。これは下に張った臼のことらしい。また、まわりにある小さい星をキノボシ（きね星）というと註があったが、これはどの星とも判らない。梯形の上辺につづく左の星であろうか。

その後、内田氏から、那覇市でからす座をウシデクバボシということ、しかし意味不明と報ぜられた。わたしは沖縄の案内書で、ふと、八月にウシデーク（臼太鼓）踊という古式の神楽舞踊を各地で催すという話を読んで、この星を臼太鼓の形に見たものとわかり、従って広島地方のダイガラの名も裏書きされたと思った。

ずっと後に呉の吉浦でも、これをダカラボシ、またはウスツキボシといい、愛媛の大洲町でいうヤグラボシも、ダイガラの異名であることを知った。

しかし、周防大島でいうダエガラボシは、北斗の異名である。これは長いキネがあるので、からす座よりもその名にふさわしいといえる。

からす座の梯形による他の方言には、

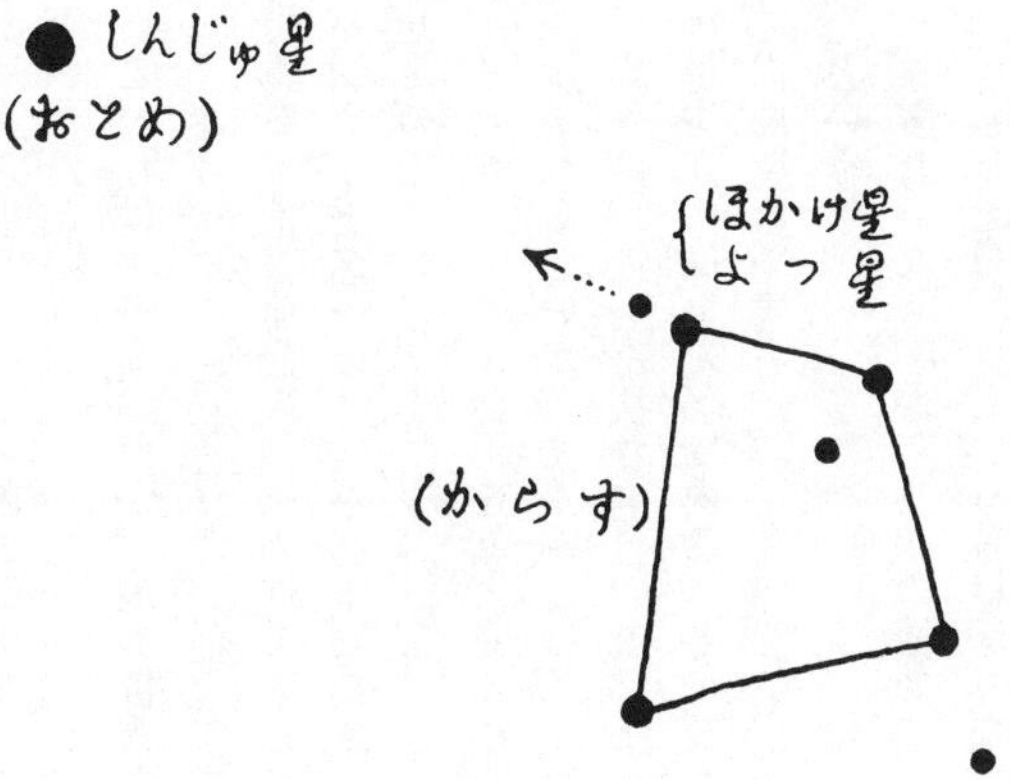

よつぼし・だいがらぼし

だいがら――大庭良美氏図

マクラボシ（広島市江渡町）　ツクエボシ（呉市吉浦）　ハカマボシ（広島地方）
がある。後の名は根本順吉氏が聞いたもので、話者は冬の東の空に大きなひし形に現れるといったという。

これらは平俗な名だが、最も優秀な方言は、

ホカケボシ（帆掛け星）　能登宝立町

である。能登半島の漁夫の間でいわれるが、これは西洋でこの梯形を帆船の帆により、スパンカーと名づけて、その上辺の東への延長から、おとめ座の主星（スピーカ）を発見させるので、「スピーカのスパンカー」といっているのに通じているのも偶然でない。

それから、この梯形を箕《み》と見るのも自然で、例えば福岡のテミボシ、明石地方のミイボシはそれらしいが、まだ確認はしていない（みぼし参照）。

終りに、最も奇抜な名は、ムジナのカワハリ（皮張り）で、磯貝勇君が奥多摩の秋川谷の樵夫から聞いた名である。冬の夜明け前、三、四時ごろ南にムジナの皮を張った形に出て、炭焼きや馬方が、「カワハリが出たで、起きるだんべし」と、時刻を知る星だといったという。

まぎれもなく、からす座の梯形で、これをムジナの皮の四すみにクギを打ち、壁に張りつけた形とは、何という荒けずりな、野趣にみちた見かただろう。下の方でひろがっているのも、ムジナの後足の感じで、哀れをさえも誘われる。同時に、星がこういう山間の生

活にも交渉を持っていることをつくづく考えさせられもする。

むぎぼし（麦星）　――うしかい座 α――

牛飼座の主星アルクトゥールスは、北斗七星の柄について回っている一等星で、晩春に一番星として昇ってから、夏から秋の日没後には西の空に美しいオレンジ色に瞬いて、いつまでも眼につく星である。これとならんで半円形を描いている冠座には、ヘッツイボシ、クルマボシ、タイコボシなどいろいろ面白い和名がある〔その項参照〕。その事実から考えても、この目だった星に和名がないはずはない。

初め、越智勇治郎君から、伊予西条町の船頭の、

沖で手繰《ぐ》り引きゃあまいいの星よ、出たり引っこんだり、また出たり

という唄を知らせてきて、「手繰りは小舟で引く網の一種で、長さ八尋《ひろ》、縦が四尺、袋の奥行八尺ぐらいのもので、エビ・タコ・ハゼ・カニ・小魚の類を取るのに使ったものだが今は使っていない」と註し、その老船頭の話から、アマイノホシ（雨夜の星）は、アルク

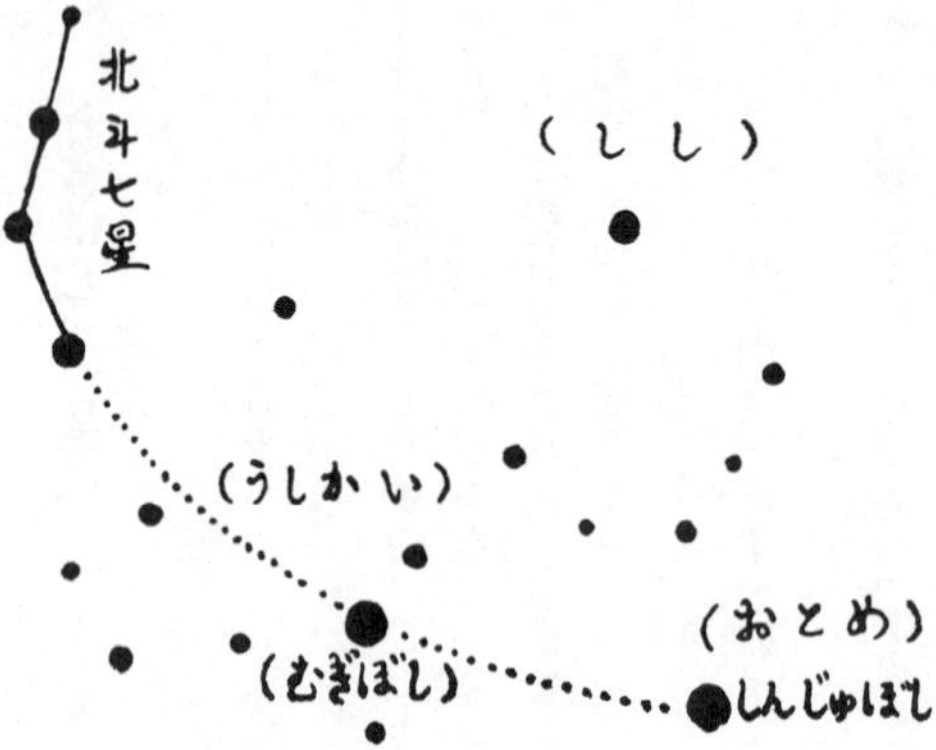

むぎぼし・しんじゅぼし

トゥールスのことらしいと書いていた。しかし、その後、この星は沖から見ると来島海峡の上に現れるという話で、方向が一致しないようであるし、また雨夜の星では、どの星でもいいように思われた。

けれど、ずっと後に江戸川区小松川の小松崎恭三郎氏が、同地の老人から「サミダレボシ梅雨明けの天頂に光る」と聞いたと報ぜられた。これはまさしくアルクトゥールスに違いないので、アマイ（ヨ）ノホシもあっていい名だと思った。

また高知吾川郡の村上清文氏から、ヨンジョウボシ（四丈星）といって、手ぐり網を四丈引いた頃昇る星もそれかも知れないと報じてきた。

越智君からは前と同時に、愛媛地方で、アルクトゥールスをムギボシといい、麦が熟れる頃昇るためだろうとあった。つづいて、滝山昌夫君からも、静岡榛原郡下川根村ではムギボシの名は普通いわれると知らせて来た。

わたしはこれを季感の濃やかないい名だと思った。麦生の岡に夕ひばりが鳴き、農夫が家路につくころ、東北の中空で華やかな金じきに輝き出るこの星を表わして、遺憾がないし、麦の赤らんだ色にも通じていると思った。

その後、方言採集家諸氏の「瀬戸内海島嶼巡訪日記」に、

ムギボシ　赤味のある星、今頃（註　五月半）夜明け四時頃に入る。梅雨になると入ってしまう（岡山児島郡八浜）
ムギ（ウレ）ボシ　麦の熟れる頃から南に出てくる赤い星、アンタレスらし（香川仲多度郡与島、岩黒島）

とあるのを読んだ。方角も、赤い星というのも、確かにアンタレースのことに違いないが、麦秋ごろにはまだ昇っていないのではないかと思う。それに、この星は、その地方ではカゴカツギの名で有名である。

ところで、その後わたしは、延宝九年十月版行の句集「次韻」で偶然にも「麦星」を発見した。これは芭蕉（桃青）が京都の信徳が談林の浮薄なのを嫌って作った七百五十韻に次いで其角・楊水・才丸と共に二百五十韻を作ったもので、正風の萌芽と見られている。

生つらを蹴くぢかれては念無量　楊水
　泥坊消えて雨の日青し　桃青
麦星の豊の光を覚しけり　楊水
　勅使芋原の朝臣蕪房　桃青

これだけでは、麦星が何の星をさすかは判らないが、とにかく一般にいわれていたことだけは間違いがないので、わたしは満足した。

次ぎに、内田武志氏によると、浜名湖畔の農村は灌漑用水に乏しいので、七月の夜半、カジガイボシが西の山の端に達するのを見て、引き水の交替時間とした。それがアルクトゥールスであるという。惜しいことにカジガイの意味は不明だが、これはいっそう豊作との結びつきがしんけんである。

次ぎに、桑原昭二氏編の「はりまの星」には、この星の高砂の方言として、

ウオジマボシ　八月頃西に見える大きな星。魚島（魚の多い時季）――高砂ではタイの多い時季で五月に当る。この頃昇るから。

とある。ローカルではあるが、実にいさぎよい名で、海波をわかす金りん銀りんの光も眼に見える。

それから、よりローカルな名だが、西美濃の香田まゆみ君は盆踊りの夜、武儀郡洞戸村の樵夫からアルクトゥールスを指されて、グヒンボシ（狗賓星）という名を聞いた。狗賓は天狗のことで、今でもその地方では、天狗の羽音や、大木をめりめりと天狗倒しにする音を聞く。そして、その赤い顔をアルクトゥールスの色に擬したのであるという。おもしろい名である。

もう一つ、これも他には通じない名で、丹後竹野郡間人《たいざ》町では、アルクトゥールスをノトネラミ（能登睨み）という。内田氏の採集で、磯貝君も同地で耳にした。これは、ぎょしゃ座の主星が、東北にあたる能登半島の方向から昇るのでノトボシというに対し、同じ時刻にそれをにら
むように西北方から現れるので、そう呼ぶものらしい。甚だブコツな名だが、そこの漁夫たちはノトネラミの沈む時刻を標準に大羽イワシの延縄《はえなわ》をおろすというから、海上生活の必要が生んだものである。

しんじゅぼし（真珠星）　――おとめ座 α――

春から初夏の一番星として、まず東北に牛飼座の一等星アルクトゥールス（ムギボシ）が金茶いろに輝いて現れ、つづく二番星として、その東に乙女座の一等星スピーカが純麗な白光に輝いて現れる。これらはヤクボシとして十分に資格があるはずで、必ず和名があるに違いないと久しく期待していた。

ところで、古い「民間伝承」（三ノ三）に、宮本常一氏は、福井三方郡日向でいう星の名の一つに、

シンジボシ　六月の八時頃上る。白色で小さい。

というのを挙げていた。

これだけでは少し心細い。「出る」をその頃東方から昇ると解すれば、七夕の織女に当るが、見よい高さになったと考えると、白色で小さい（あまり目を引かない）のは、まず乙女座のスピーカより他にはない。

しかし、シンジボシの意味は、宮本氏もはっきりしないという。星の名は、サドボシ（佐渡星）、ノトボシ（能登星）というように、その星の出る方向の地名でいうこともある。私も一応これを宍道《しんじ》湖に結びつけてみたが、これでは意味をなさない。それで、多少強引ではあるが、スピーカの純麗無垢《むく》な、そのために星座の名のヴィルゴオ（処女）も生まれたという光から、シンジを真珠と解して、シンジュボシとしてこの一等星の和名に定めた。

わたしは、この星をしばしば仏の眉間の白毫《びゃくごう》にたとえているので、こう提唱したことを悔いていない。しかし、その後もはっきりした名が見出だされるのを待っている。

夏の星

くるまぼし（車星）
たいこぼし（太鼓星）

——かんむり座——

夏の長いたそがれ、うしかい座に隣って七つほどの星が小さい美しい弧を描いているのがかんむり座である。これにも和名のないはずはないと思っていた。

それで昭和八年に初めて、大分の中津町でこれをクルマボシと呼ぶことを中野繁君（現医博）から知らされた時には小おどりした。正に星のつづる車輪である。次いで越智勇治郎君から、福岡八幡にも、同じ名のあることを知らせてきた。また、岡山の守屋重美氏から、同地川上郡の村びとが、「どの星か知らないが幼いころクルマボシという名を聞いた」と話したと書いてきた。

その後、磯貝勇君から、森下功氏に聞いた熊本地方の星名として、

タイコボシ　かんむり座の諸星を太鼓の皮をとめているビョウに見たてたのです。雨乞いなどに用いる直径一間、胴長一間半もある大太鼓の鉄のビョウが連想されると註してきました。明治七年生れの父上から聞いて報告されたものです。

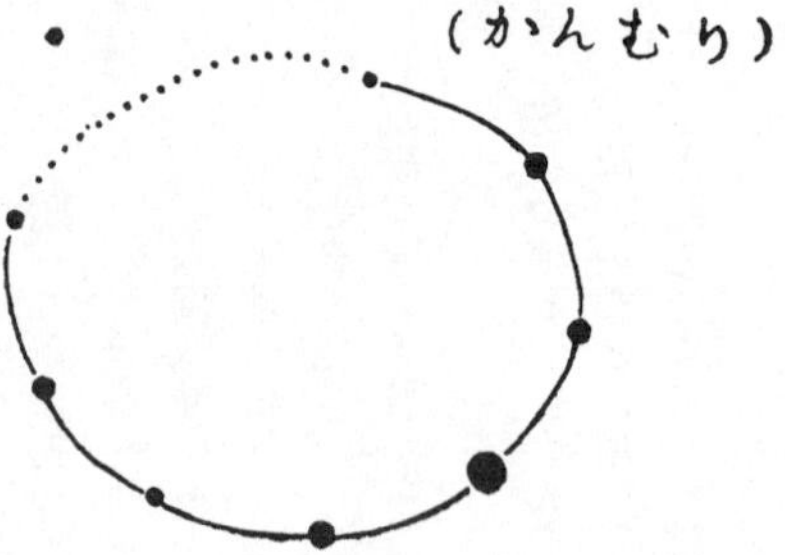

くるまぼし・かまどぼし

とあった。なるほど、この星座が高くかかる炎暑の雨乞いを思わせ、または夏祭に競い打つ勇ましい太鼓の音を思わせる、いさぎよい、日本のものらしい星名である。

そして、静岡地方のタイコボシが内田氏から、熊本宇土地方の同じ名を森猪熊氏からも報ぜられた。佐渡にもこの名があるという。

なお、その後もいろいろ珍しい方言が集まった。

カラカサボシ　徳島地方で、クルマボシと共にいう。小松崎恭三郎氏の報から。

オドリコボシ　呉の吉浦は昔から盆踊りが盛んで、かんむり座の星の列をその踊り子に見立てたものという。美しい名である。故畝川哲郎君から。

ニジボシ　愛媛伊予郡の一部でいうと、越智君から。これも美しい名である。

イドバタボシ　愛知幡豆郡の杉浦慎三君から。井戸がわと見たのだろうか。

ユビワボシ　埼玉羽生町の五十嵐昭夫氏からの報で、「南方に出て、星の光は淡い」と註してあった。

カゴボシ　石川宝立町の漁夫たちがいう。金田伊三吉氏から。
ハンカケボシ　静岡下川根村で子供たちが言っているのを滝山昌夫君が聞いたもの。完全な円形でないことをいう。アラビアで乞食僧の欠け皿と見ているのもこれである。

なお、内田氏の採集から引くと、
キンチャコボシ（巾着星）　ドヒョウボシ（土俵星）　静岡地方
ヒズメノホシ（蹄の星）　京都府何鹿郡山家村
これは朝鮮京城でもマルクブ・チルソン（馬蹄七星）というのに通じて、共に空想を誘われる名である。
以下、同じ半円形の異名をつづける。

かまどぼし（竈星）

初めわたしは、広島の磯貝勇君から、同地方で、チョウジャノカマド（長者の竈）　初夏に出る傘の広さほどに見える。七つに見えたら長者になる。

という報告を受けたが、これが何の星をさすのか判断ができなかった。磯貝君はすでにかんむり座のタイコボシを知らせてきていたのに、これと同じものとは気がつかなかった。

　ところが、ずっと遅れて岡山六条院町の守屋重美氏から、かんむり座の半円をオニノカマということを報じてきて、「雨月物語」にもある備中の吉備津《きびつ》の釜を思ったと書きそえてあった。それで、忘れかけていた長者のかまどが、鬼のかまと同じものであったことに気づいて、かつ驚き、かつ喜んだ。次いで明石地方にも、ジゴクノカマドのあることを本井公夫氏から報じてきた。これでわたしは、江戸の随筆集「四方の硯」に出ているクドボシが、カマドボシの異名であることに気づいた（ひしぼし参照）。

　このクドボシは後に、岸田定雄氏の「大和にのこる星」で、奈良丹波市町その他でいわれていることを知った。また同書に、

コウジンボシ（荒神星）　三輪町。半円形をしているという。クドボシのことに違いなかろう。

とあった。荒神さまは、むろん、かまどの神である。

その一方に、新村先生から、延宝二年刊行の一俳書にあったとして、他の星の句と共に、

露けむり火ともす菊やへつい星　熱田　立心

を知らせていただけた。即ち、ヘッツイボシで、後に兵庫県川辺郡にもこの名が残っていることを、内田氏の採集で知った。

また、浜松の石田淳氏から、浜名郡知津田村でカマノクチ（釜の口）と呼んでいるという報を受けた。これは江戸の「尾張方言集」に、「貫索（冠座の漢名）をオカマボシという」とあるのを、今に伝えているわけである。

それにしても長者のかまど、鬼のかまどとは、何と童話気分ののどかな方言だろうか。

くびかざりぼし（首飾り星）

これは、秩父吉田町の小林定光君から、同地でいうかんむり座の方言で、次ぎの口碑を伴っていると報ぜられたものである。

吉田風土記によると、同地の城峯山（一千メートル）は、平親王将門が藤原秀郷と戦った古戦場と伝えられ、太陽寺の前を流れる大血川は、将門が下野国染谷川で敗れた後、その兵九千余人がここまで落ちてきて、一同は今いう無明橋のほとりで割腹し、その血が流れて川に満ちたために、この名があるという。

将門はここで最後の一戦を交えてから、城に近い洞窟に身をひそめた。それを愛姫の桔《き》梗姫《きょうひめ》が敵がたに密告したので、将門は怒って姫を斬って捨てた。それを秀郷が憐んで、姫の首飾りを取って空へ投げると、そこに附着して今いうかんむり座の星となった。この話は将門の残党が吉田の地へ来て伝えたといわれ、それ以来クビカザリボシと呼んでいる。話者は当時八十三歳の故老で、昔小学校の先生から聞いたといった。

正史では、将門が貞盛・秀郷の軍に敗れて、矢に中たり首を挙げられたのは、下総猿島郡岩井郷（今の岩井町）である。それがこの山中まで逃げこんで戦死したというのである。

もとより伝説のこと、そこまで詮索するのはやぼであろうが、かんむり座にまつわる話としては、これは珍重していい。ただ、将門時代の婦女が首飾りを著けていたかどうか。そうとしても、それを空へ投げ上げたのが星になったというのは、どうも日本ばなれがしていて、有名なギリシャ神話――酒神ディオニューソスが、クレタ島の王女アリアドネーがナクソスの島で王子テーセウスに置き去りにされ、あわや身を投げようとしたのを救って己が妻とし、その時に贈った玉の冠を、後にアリアドネーが死ぬと、空へ投げた。それがかんむり座の星となったという話を、誰にでも思い合わさせる。

しかし、報告者は山村の素朴な青年であるし、これを翻案とするには巧みに過ぎる。まず伝説にはよくある例で、外国の神話がいつの時代にかこの地方へまぎれこみ、桔梗姫に結びついたものと考えるべきだろうか。なおその土地には桔梗ガ原というのがあり、姫の霊が花に化したという伝説もあると、これは他から聞いた。同時に、千葉県の川間村にも桔梗姫の伝説があることを、小沼草炊君から報ぜられた。

うおつりぼし（魚釣り星）　――さそり座――

梅雨晴れのある夜、東南の地平線から、さそり座の大小十三、四の星の長列が、まるで火の粉をはじき上げたように直立している。呉の吉浦でヤナギボシ（柳星）と呼んでいるのは、この印象を枝だれ柳と見たもので、いい名である。

しかし夏が来て、これが南に高くかかると、雄大なS字形の尾がくるりと反転して、釣針がはね上ったように見える。磯貝勇君の採集では、広島地方でこれをウオツリボシ、時にタイツリボシといい、かつ、安芸郡の奥海田には、

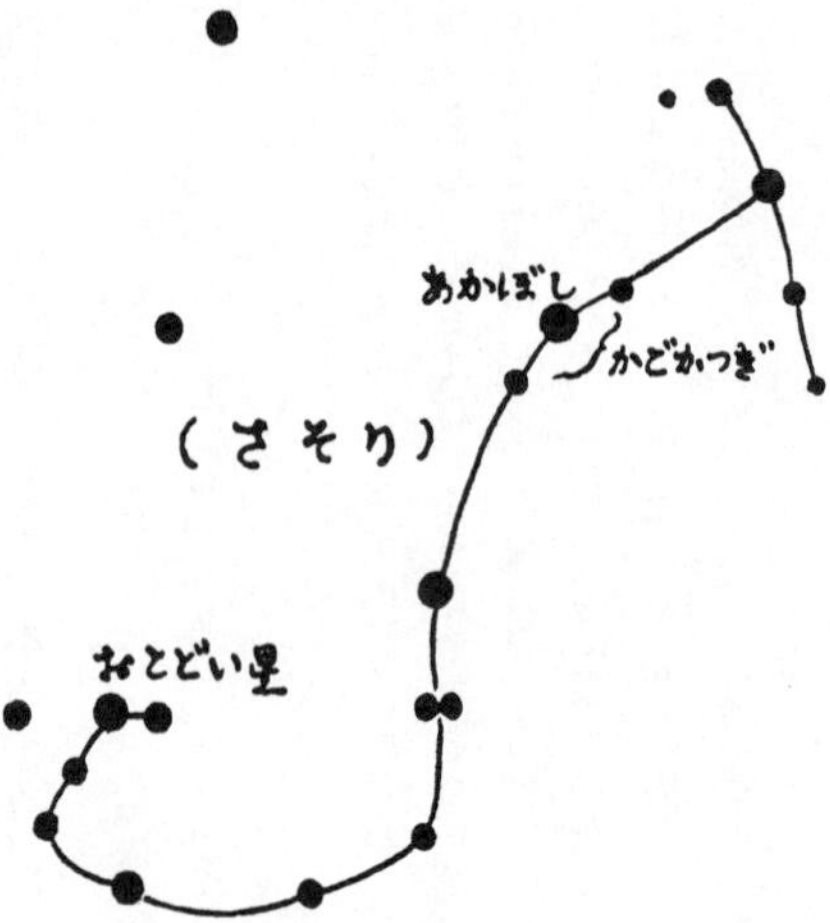

うおつりぼし

天のウオツリボシ
一ぴき釣ったら腹をあけ、塩をこめ
腰のびくへちょっと入れ

という俚謡さえもあるという。香川県の牛島でもウオツリボシといい、また、広島の倉橋島でいうリョーボシ（漁星）も同じものと解される。

まことに燧灘《ひうちなだ》・伊予灘・周防灘・瀬戸内の海上生活で、夏から秋の夜々さそり座の星々が見せる顕著なカーブを仰ぐ人たちには、自然にこういう名が唇に上ったことだろう。

能登の宝立町でも、この尾の部分をツリボシというと、金田伊三吉氏の報にあった。同じ見かたは、奄美・沖縄にもある。南島では、さそり座がさらに高く、その印象はいよいよ鮮かなわけで、岩倉市郎氏によると、喜界島ではフクスーバイ（フクスー魚の針）という。また那覇地方では、イユチャーブシ（魚釣り星）、時にヤキナマギー（焼野の釣針）

ともいうと、内田氏の報にあった〔奄美・琉球の星参照〕。

わたしは、これらの和名、特に沖縄地方のそれと、ポリネシアでさそり座を、建国の神人マウイが海底からニュージーランドの北島テ・イカ・カマウイ（マウイの魚）を釣り上げた釣針が空に引っかかったものと見ている伝説とを結びつけずにいられなかった。

ところが、近年になって、台北天文同好会の雑誌に「台湾之星」と題して、高雄で天蝎座の巨大的S字型曲線を「釣魚星」といい、彰化・台北では、姜太公《きょう》釣魚図と見ているとあった。姜太公は太公望のことで、図では、てんびん座に坐わって、右手でさそり座の釣竿と釣針を持っている。「日本也有《マタ》『魚釣り星』『鯛釣り星』諸称」と、明かにわたしの文から引いているが、これは愉快な一致である。

終りに、椋平広吉氏の採集では、天ノ橋立附近でいうタイ（ツリ）ボシは明星のことである。これが出るころ、タイが延縄《はえなわ》の釣りに勇み立つといい、「こちの主さん経ケ崎沖に、タイボシながめて釣りをする」という俚謡がある。また、一名カツオボシで、明星が光りはじめるころ、カツオが網にかかるともいうとあった。

以下、さそり座に関する星の和名をいろいろ挙げて行く。

かごかつぎぼし（籠担ぎ星）
あきんどぼし（商人星）

——さそり　三星——

さそり座の主星アカボシは、それをはさむ左右の星とやや折れた∧形を作る。これを中央が農夫で、二つの籠を担いでいる姿と見、カゴカツギボシという。

これは、わたしが大正十五年の夏、島根鹿足郡日原の大庭良美君から報告された最初の星の和名で、その八月、愛宕山からの処女放送で発表した思い出からも忘られぬものになっている。大庭君のその手紙はスクラップ・ブックの中でもう時代がついているが、それを引用する。

> 籠かつぎ星　さそり座α星アンタレースを中央に、στ《シグマタウ》を左右に、その三つの星をいいます。中のアンタレースが籠をかついでいる人で、ほとりの二星が籠です。この籠が余計ひくく、重たく下っている年は、稲の収穫が多いといいます。早い頃には、この星は高く縦になっていますが、初秋の頃には、真横にちょうど籠かつぎの形となるのです。云々

かごかつぎぼし

アカボシの一名をホウネンボシという理由はここにある〔あかぼし参照〕。

その後この名はあちこちから報ぜられた。磯貝君は奥多摩の日原村で九十二歳の老人から、ミツボシ、フナボシ（北斗）の名と共にカゴカタギボシを採取してきて、わたしを驚喜させた。

内田氏によると、山口の大島郡にカゴカタギがあり、静岡の榛原地方でオカゴボシがある。また、茨城の岩井局区内の山崎洋子さんからは、その土地にカゴカツギボシがあり、一にヨメイリボシというと報ぜられた。後の名は、嫁入りのカゴと見たものだろう。また愛媛の新居浜ではカゴニナイ、一名アキンドボシというと、大北順太郎氏から報があった。

それから、カゴカツギの農夫を商人と見た方言に、

アキンドボシ（商人星）愛媛・広島・高知・山口・静岡・千葉等

があって、分布はすこぶる広い。千葉印旛郡の名は山本秀雄氏からである。

内田氏によると、静岡庵原郡では、「アキンドボシの西はしの星がヘタレて見える年は米の値段が高く、反対につんとのびて見える年はそれが安い」といっている。また、山口・広島・愛媛・静岡地方にはアキナイボシ（商い星）がある。愛媛のそれを知らせてきた越智勇治郎君の若いころの思い出を引く。――

父は夕涼みの縁台で、この商い星についても話をしました。何でもτとσが荷物で、

それを天秤棒で担いで売り歩いていると見立てたのですが、荷が重いので棒がしわっており、商い星の顔は真赤である由でした。小学校を卒業した私はすぐ徒弟に参りまして、商い星が石鎚山《いしづちやま》の上に現われるのを六回くり返したのでした。そして度々昼の仕事に疲れたからだで、親方の家の二階でおがくずをくすべながら、窓の外の商い星を眺めたものでした。あの真赤な星も疲れた旅商人のように瞬きながら、高縄山へ入るのでありました。云々

なお磯貝君によると、愛媛の一部では、ショーバイボシといって、老人たちは、中央の星が高く昇れば、商売繁昌といっている。つまり前記の天秤棒がしわることをいったものである。

同じく磯貝君の話で、広島の地御前、同安芸郡畑賀に、

南がしわれば漁師よろし、北がしわれば農夫よろし

という俚諺がある。これも星の天秤棒のしわりかたで、畑の幸《さち》・海の幸をトしたもので、この星占いがどれほど一般化していたかを物語る。

これらに次いで、同じく商人または農夫が荷を担いでいると見た方言に、

タルカツギボシ（樽担ぎ星）　島根地方
ニカツギボシ（荷担ぎ星）　静岡興津町
テンビン（ボー）ボシ（天秤棒星）　広島・静岡地方
ボテ（ー）ボシ（棒手星）　静岡賀茂郡・千葉船形町
オーコボシ（朸星）　岡山・大分・奄美

などがある。

終りのオーコボシのオーコは、先端のとがった荷かつぎ棒オウコである。奄美大島ではオーコブシで、その角度の大小によって農作物の豊作不作を占っているという。

なお、オコボシは宮崎地方では明星のことである。飫肥《おび》町では、「オコボッさんが出たから、もう夜が明けるぞ」というと、高橋元氏から報ぜられた。これは暁の明星だが、「高千穂民謡集」の、

月は山端《ば》にオコボシや西に、可愛いお前はまん中に

は宵の明星である。

また、「豊後方言集」（大分県立第一高等女学校編）に出ていた、

オーコ（ゴ）ボシ　クマンデボシ（熊手星）　オザ（ダ）ルボシ　オヤカタボシ

は、みな参星（三つ星）となっている。これらの見かたと名とは、前記さそり座三星に通ずることを考えていいだろう。

それから静岡や愛知では、カゴカツギの中央を子供、左右を父母と見、孝行息子が老いた両親を荷っているとして、

オヤカツギボシ　オヤニナイボシ

その他の方言がある。これは江戸以来、三つ星の異名として伝えている地方が多いので、後に「おやにないぼし」の章で述べる。

ところで、呉の吉浦の漁夫は、カゴカツギがサカマスボシ（酒桝星）に酒かすの代の借りがあるため、サカマスが出ている間は姿を見せないといっている（さかますぼし参照）。また、山口の大島郡白木村で、カゴカタギはかせぎ手の星なので、同じ三つ星のオリオンとは仲が悪く、同じ季節には現れないといっているのも、同じ見かたである。

これは、夏のカゴカツギと冬の三つ星とが、形象はよく似ているが、約百七十度を隔てているために、一方が西に入らなければ、他は東から昇ってこない事実を説話化したもので、古代ギリシャ、同中国や、南洋にもこれと類似の追いかけ伝説が見いだされる。

ギリシャ神話では、神々が猟夫オリオンの高言を憎んで、大サソリを岩の間から跳び出させ、刺し殺させた。それで共に星となってからも、さそりが沈むまではオリオンは現れ

ないと伝えている。

中国では、カゴカツギは二十八宿の心宿三星である。まず「史記」の天官書には、

心《しん》を明堂となす。大星は天王、前後の星は子の属《やから》なり、直きを欲せず、直ければ天王計《はかりごと》を失ふ。云々

とある。これは三星の角度で帝王の運命を占ったもので、わがカゴカツギの角度で豊凶や相場を占う原型は、あるいはここにあるかとも思われるが、この心宿三星と、参宿《しん》三星（三つ星）とが同じ季節に空に位置しないことで、「参商協《あ》わず」という成語がある。商星は心星と同じい。

これは「左伝」の昭公巻二十にある伝説から出ている。――

昔、高辛氏二子あり、伯《あに》を閼伯《あつはく》といひ、季《おとと》を実沈といふ。曠林に於て相能からず。日に干戈を尋《もち》ひて以て相征討す。后帝臧《よみ》せず、閼伯を商の丘に遷して辰《しん》（註、心三星）を主らしむ。商人《ひと》これに因る。故に辰を商の星とす。実沈を大夏に遷して参を主らしむ。云々

こうして兄弟が東西に相逢わぬ星へと引きはなされた故事から、前記の成語を生み、友人や愛人が逢う機会のないことをもいう。例えば杜甫は、「人生相見ざること、ややもすれば参と商との如し」と詠じている。

これらに比べれば、カゴカツギがサカマスボシに酒かすの借りがあるので、顔を見せないようにしているという日本の口碑は、はるかに素朴で、また日本のものらしい。なお、これはスバルとサカマスの話にもなっている〔さかますぼし参照〕。

あわいないぼし（粟荷い星）

これは、カゴカツギの荷の内容をいう方言で、主として九州地方でいわれる。初めわたしは、熊本隈府の緒方起世人氏から、

郷里（熊本）で、幼少のころ母が話していましたが、さそり座のアンタレースを中心として、三つの星を粟荷い星といっております。

という報告をうけた。

ところが、能田太郎氏の「肥後南関方言類纂」には、

アワニャボシ　唐鋤星《ミツボシ》の東位の星。西位の星をコメニャボシ。其中間の無名星を中心に此二星の傾き加減で、米粟の豊凶を卜した。

とあって、明らかにオリオンの三つ星が西で横一文字になった形象にあたる。

それで改めて緒方氏に意見を求めると、

福岡境の南ノ関までは交通不便で十里近くもあります。小生現住の菊池地方の一部でも、アワニナイは、さそりの三星です。なお、この地方ではアワニャ・コメニャとよび、一方を米、一方を粟といっている人もあります。小生の郷里では全然アワイナイといっております。オリオンの三星は、私のしらべた範囲では、熊本いずれもサカヤノマスです。

という返事だった。これについて、能田氏の方言集には、「サカヤノマッサン　北斗」と註している。

その後、熊本の森下功氏の話で、磯貝君からさそり三星をイネイナイボシ（稲荷い星）

ということを報ぜられ、また熊本市の林田節子さんから、

　父の生れた長崎県南高来郡南有馬地方では、さそり座のアンタレースを「粟いないさん」といいます。豊年には肩の荷が重いので、顔が赤くなる。それで豊凶が分るそうです。

と報ぜられて、確実なうら書きとなった。

内田氏の著にも、アワイニャドン（熊本、八代）、アワイネボシ（鹿児島、枕崎）を、同じくさそり三星として掲げてあった。そして、八代郡松高村では、一方の星が肥後の方向に当り、他方が天草の方向に当っているとして、そのどれかが下って見える方がその年に粟が豊作といっているという。

けれど、南ノ関のアワニャボシも、さそり座の誤りと片づけるわけにはいかない。長崎県西彼杵郡のアワイネボシも、オリオン三星である。ただ南ノ関の場合、左右の二星の傾き加減で、米粟の豊凶を卜したというのが、三つ星の一文字では当らないと思われる。しかし、オヤニナイボシ〔その項参照〕が、同じく三つ星にも、さそり三星にもいわれ、それも前者をいう地方が多いと聞くと、これを難ずることもできない。わたしは、オヤニナイという日本らしくない名を、アワニナイから転じた名ではないかと考えていた時代がある。

さばうりぼし（鯖売り星）

これはアキンドボシの籠の内容を魚と見た方言で、越智君は愛媛の新居郡でいうと報じてきて、「サバは一年中取れる魚で、同地方では行商に出ることを、漠然とサバを売りに行くというほどです」と註していた。

岡山の六条院町では、サバウリサマで、守屋重美氏の手紙には、

この名を母から聞いた時、さそり座のアンタレースの部分をさすものと想像し、図を書いてみせて、当っていることを確めました。あのカーヴの具合によってサバの取れ高を判じていたとは、籠かつぎ星と同じ見方でしょう。また、ある人はソバウリサマといっています。海岸近く山畑の多い地方として、ソバ、サバ、語音の通ずるものがあるとはいえ、漁村生れの者はサバ、農村生れの人はソバを主張しています。云々

とあった。これは興味の深い話だった。しかし、当時でもその地方は水田に変りつつあったというから、今ではソバウリサマの名も消え、サバウリサマも忘られているかも知れな

いと思う。

その頃、わたしは愛知の西尾町にある岩瀬文庫所蔵の江戸時代天文書から、寛政年中の「天文歩天歌」（中西卯兵衛刊）を、杉浦慎三君に写してもらった。すると、測らずも心宿の歌に前書きして、

心《サバウリ》　立秋　小満

云々とあるのを発見した。これは、この和名の希有な文献として、わたしを喜ばせた。サバウリは徳島地方にもあって、小松崎恭三郎氏から報ぜられた。また、磯貝勇君はサバカタギ（鯖担ぎ）を岡山後月郡共和村で採集して、

共和村高原は山村です。山村とサバとの関係はよく昔話にも出てくるので、なるほどと思わせます。そしてやはりここでも、アンタレースを中心に、両方がよくしわれば、サバの漁がいいと言っているそうです。

と報じてきた。

その後、「瀬戸内海島嶼巡訪日記」の星の呼称に、次ぎの記事を見いだした。

サバウリ　東南に出る星、サヴリともいう。（香川仲多度郡岩黒島）「スマリ、サバ

ウリ会わず見ず」という文句がある。スマリとサバウリは交代に出る。（同三豊郡志々島、愛媛越智郡魚島）

この俚諺は冬に、一は夏に出るので、別記オリオンの三星と、さそり三星とが同じ季節には出ないことに通じた口碑がありそうである〔かごかつぎぼし参照〕。

サバウリボシ　秋サバの出る頃に出る、∧形の星（香川仲多度郡牛島）アキナイボシのこと（同上）。サバイナイ　サバ荷い。サバを荷っているような三つの星、サバイナイをオトドイが追っているという。（岡山邑久郡前島）〔おとどいぼし参照〕

ボニサバウリノホッサン　ボニは盆。（香川仲多度郡本島）

これは、旧盆に当る頃サバウリが南に高いことをいったものである。終りに籠の荷を塩と見たシオウリボシ（塩売り星）がある。道成寺の近くに住む従妹からの報告で、山形なりの三つの星を図し、「天の川のそばに出る。両がわの動きにて塩の値の上り下りありと、昔の人はいうたとのことです」と註がついていた。サバウリと共に、交通の不便だった時代の山村の生活を思わす趣きの深い名で、こうして星の方言はしばしば過去を物語って聞かせる。

あかぼし（赤星）――さそり α――

アカボシは、「万葉集」以来、明星（金星）をいうが、ここは赤星で、さそり座の主星アンタレースの和名である。赤い色の星はそう数は多くない。それを代表するのがこの一等星で、夏の炎暑を一点に凝らしたように南の中空で真紅にきらめく。正に冬のアオボシ（シリウス）に対するアカボシである。

西名のアンタレースも、原意は「火星アレースの敵」で、火星と赤い色を争うからである。さらに中国ではこの星は、「書経」の尭典に、「日は永く、星は火、以て仲夏を正す」とある「火」で、広くは大火といわれ、「大火西に流《くだ》る」とは秋来ってこの星が西へ傾くことをいった成語である。また、古代カルデアでカッカブ・ビルといったのも、「真紅の星」の意味である。

アカボシの和名は、初め磯貝勇君が愛媛新居郡で見いだしたもので、「夏、南に出る赤い星」と註してきた。その後わたしは、天明本の「雑字類編」の遠類《ヲ》で、

大火《ヲヤニナイボシ》《アカボシ》　○　心星・三星

とあるのを見て、アカボシが昔からいわれていたことを知った。

その後、長野上諏訪のアカボシを井上秀夫氏から、静岡榛原地方のアカボシを滝山昌夫君から、また群馬利根地方で「南ノアカボシ」ということを、長谷川信次氏から報ぜられた。

かつて故吉田絃二郎氏は随筆の中に、筑紫地方でアンタレースを収穫の神と見、秋には収穫が重くなるので、神さまの顔はますます赤くなると書いていた（かごかつぎぼし参照）。そしてこの意味で、アカボシの異名のホウネンボシ（豊年星）（佐賀市）を内田氏から報ぜられた。これは後に香川櫃石島《ひついし》の小学生徒の採集にもあった。そして、岐阜多治見の桑原淳行氏は、祖母から「あの星が赤いと豊年だ」と聞いたと書いてきた。

おもしろい名は、

サケヨイボシ（酒酔い星）　大分中津町

で、中野繁君の報だが、山口吉敷郡にもこの名があった。むろん赤い色から来ているが、これが転じたのが、福岡の西山峰雄、大分の小倉静子両氏から報ぜられたサケカイボシ、サケウリボシである。

しかし赤い星には、他に、おうし座のアルデバラーン（アトボシ）、うしかい座のアルクトゥールス（ムギボシ）、オリオン座のベテルギュース（平家星）もあるので、北海道江差地方で、アルデバラーンをアカボシと呼ぶことも自然である。

また、奈良の宇陀地方にヌクボシ（温星）というのがあって、「西南に出る赤い星で、これが見えると、その翌日は冬でも暖い」という。これは何の星をさすかまだ判明していない。

もう一つ。ムギボシという方言は、牛かい座の主星をさすが、瀬戸内の島々ではアンタレースをいっているらしい（むぎぼし参照）。

終りに、新村先生は「尾張国神名帳」に赤星大明神の名を挙げられ、アカボシ（明星）の金星のことかと書かれている。しかし、「赤」の字が正しければ、すでに農作の星であったと思われるアンタレースを神格化したものと考える余地もあるだろう（古典の星参照）。

すもとりぼし（角力取り星）
からすぼし（唐臼星）

——さそり　二重星——

夏のよく晴れた、月のない晩、さそり座のカゴカツギボシから左下へ二つ目の二重星（共に三等星）を見ると、近ぢかと接しながら、交るがわる光っている。これにスモトリボシの方言がある。

これは大正十五年の夏、カゴカツギと共に、島根鹿足郡の大庭良美君から入手した最初

の星の和名で、今でもこの星を眺める度に一種の感動を覚える。氏はこれを西名の$\mu^1\mu^2$の和名であるとして、

二つの小さい星が接してゐて、ほとほと瞬く毎に、一つに見えたり二つに見えたりするからです。……古いお爺さんは「昔から見て来て知っとる」と申しました。もっとも、スモトリボシはただ一つあるのではない、二つも三つもあるといった人もありました。

とあった。この「古い」おじいさんは、氏の祖父で、昭和に入って九十三歳で逝かれたという。わたしに間接ながら星の和名を漁る機縁を開いてくれた人として忘れ難い。

やがて、愛媛・広島・山口地方のスモトリボシが、磯貝勇、越智勇治郎君から、静岡地方のものを内田武志氏から、また紀州道成寺の近くでも言うことを従妹から知らせてきた。もっとも内田氏は、静岡磐田郡佐久間村では、「夏の夜七時ごろ、さそり座の三星のオヤコボシの先に出ている星」をスモウトリボシというので、これをさそりの頭部βに近い重星$\omega^1\omega^2$の名と判じていた。

また、同県賀茂郡稲生沢村でいうスモトリボシは、「白鳥座の中にあって、離れたりくっついたりして見える」といい、同周智郡三倉村のものは、「冬季現れ、普通の星よりも

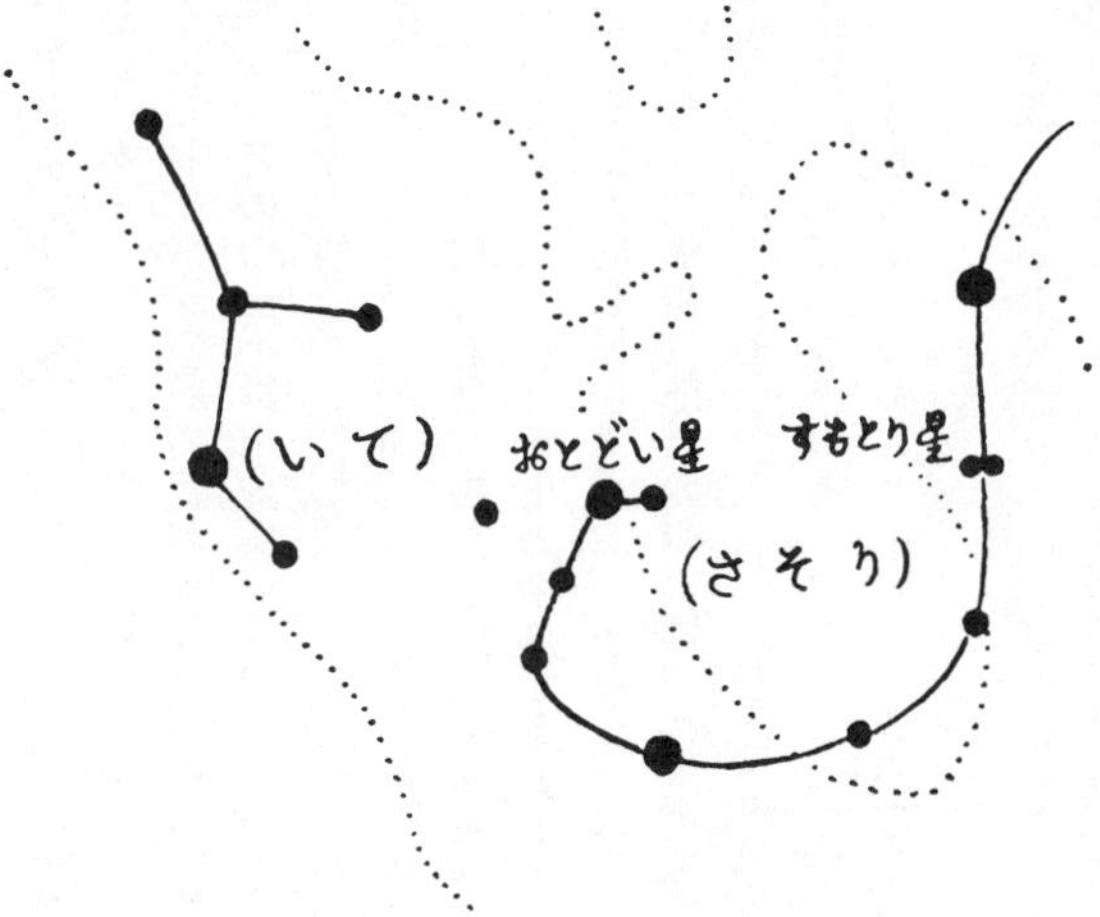

すもとりぼし・おとどいぼし

大きく二個並んでいる」といっているという。

　このあとの場合は、榛原郡下川根村出身の滝山昌夫君が母の言葉として、「ミボシの中にあって、見ていると、二つの星が上になったり下になったりしてクルクル回っていて、ちょうど角力を取っているように見えるのだよ」と記し、ヒヤデス星団（方言　ミボシ）の中の$\theta^1\theta^2$を指すものと判じてきた。

　こういう事実は、初めの大庭氏の手紙にあった「スモトリボシは二つも三つもある」という言葉に応じている。これを代表するさそり座の$\mu^1\mu^2$は雄麗なカーヴの列にあって、光も高さも最も眼をとらえ易いのだが、前記の$\omega^1\omega^2$（四等・五等）や、ヒヤデス星団の$\theta^1\theta^2$（四等・四等）

も、肉眼の重星としては屈指のものであり、また、さそりμの下の$\zeta^1\zeta^2$も良い眼には二つに分れる。それで、すべてスモトリボシの名を共有する資格があるわけである。ただ、白鳥座にあるものは確認できない。

スモトリボシの異名でおもしろいのは、静岡の相良町で、この一名をオナガワボシとも呼び、昔の力士小野川の名によっているらしいこと、また、同御前崎附近でソガボシといい、「南方に見える赤い星で、一つに見えたり、二つに見えたりする。これを仲のよい兄弟と見て曽我星と呼ぶ」といっていることである。

また、本田実君は、広島沼隈郡でスモトリボシをオッカケボシ（追いかけ星）というと書いてきた。これは香川の中島でオトドイボシをサバイナイ（さそり三星）が追っているという話と同じ見かたらしい〔おとどいぼし参照〕。

さらに故畝川哲郎君の報では、兵庫宝塚奥の村の老婆は、四十グレという星があって、「南にある星で夏に出る。四十歳までは見えるが、それを越すと、目が弱くなるので見えない。これは二つ三つある」といったという。これも主として、重星μが視力が衰えると見分けられなくなることをいったものらしい。

次ぎにスモトリボシと同じ見かたから、カラスボシ（唐臼星）という方言がある。磯貝君の報ではこれは広島安芸郡畑賀村で、$\mu^1\mu^2$がこもごも光り合う印象を、唐臼を踏むのに

見たてた名であるという。そして、同安佐郡可部村では、同じ星をムギタタキボシと呼んでいて、

農村で六月ごろカラサオで麦の穂をたたく。このカラサオの運動が、その仕事をすませたころ南の空に見出だす、近く接近した二つの星が、どちらも負けずもつれ合い、輝き合っている様子に似通っている。

と註してきた。

ところが、岡山六条院町の守屋重美氏からも、カラース（唐臼）の名を報じて来て、ただし、これはさそりの尾に近く並ぶλ《ラムダ》・υ《ウプシロン》を言う。同時にコメツキボシの名もあると報じてきた。ずっと後に、高女教師の某氏から、同県小田郡地方で、λυを指してコメツキ、ムギツキという名を教えられたと報告を受けた。

このλυはフタツボシ、オトデーボシ〔おとどいぼし参照〕の名もあるように、$\mu^1\mu^2$よりは間隔も広く、光も強いので、同じくカラ（ー）スボシでも印象の受け取りかたに違いがあるのだと思う。そして、ポリネシアの伝説で、星になった二人の子供を$\omega^1\omega^2$と見るのと、λ・υと見るのと二様あることもこれに通じている〔おとどいぼし参照〕。

きゃふばいぼし（脚布奪い星）

これは前掲スモトリボシの異名で、かつ奇抜な口碑を伴っている。愛媛壬生川町でいうものとして、越智勇治郎君から報告された。私は、改めて氏にそれを語ったという地元の老嫗の言葉をそのまま写していただいた。――

『昔、七夕はんが、七月七日の晩にどうぞ雨が降りまへんやうに言うて、天のをなご星っさんらにお頼まうしてのもし、そのかはり七月七日までに脚布《きゃふ》を織って一枚づつ上げるちふことにしたんよのもし。

ところが、七夕まで一生懸命機を織っても、どないにしても一枚足らざったんよのもし。その時まで天の川で水を浴べてゐた二人のをなご星っさんが川から上って見るちふと、脚布が一枚ほか呉れないので、一方が取ると、一方が川から上《のぼ》れんけに、「うちにおくれや」「うゝん、うちいお貸しや」ちふて、そこで奪《ば》ひ合ひを始めたんよのもし。

ところが、片一方《ぼ》の星っさんは雨を降らす役目ぢゃったんで、その雨降り星っさんが、程よう脚布を取った年は、七日の晩に雨は降らんが、脚布が手に入らん年には雨がぎゃうさん降る。そして、をなご星っさんは雨雲に隠れたまま、早うに山の中に入ってしまひなはるちふんぢゃのもし。』

明らかに七夕伝説から生まれたもので、羽衣伝説に通ずるところもある。こうして二つの星の交るがわる輝くのを天女が脚布を争う姿と見て、「脚布奪ひ」の名がついたのだが、さて、その脚布なるものを当時わたしは知らなかった。

まず自然に浮んだのは脚絆《きゃはん》で、それも紺木綿のものではなく、「落人」のお軽とか、山科へ押しかける本蔵の娘とかが——確かな記憶はないが、はいただろう色っぽい紅絹《もみ》の脚絆などを空想したのだが、それにしても、天の川のおなご星っさんが、脚絆を奪い合いをするのは合点が行かない。これは考え違いをしているなと気がついた。しかし、辞書に当る前に、勘で西鶴の「一代男」で脚布あさりをやってみた。

まず、世之介二十二歳「袖の海の肴売」に、

いづれにしても肴を買へば、草履を脱ぎて奥座敷にも上るとかや。浦風の通ひて汐含みし脚布も折節は興あり。

「心中箱」では、これを表具に使っていて、

脚布を上下、帯を中縁《へり》にして姿絵の懸物。

次ぎの「寝覚の菜《さい》好み」にもあったが、終りの世之介六十歳「女護《によご》の島渡り」に至っては、

ひとつ心の友を七人誘ひ合せ、難波江の小島にて新しき舟造らせて、好色《よしいろ》丸と名を記し、緋縮緬の吹貫《ふきぬき》、是れは昔の太夫吉野の名残の脚布なり。

とあって、挿画には、その稀代の吹貫が、天和二年神無月《かんなづき》末つ方の「恋風」にヘンポンと翻えっている下で、一代の蕩児が小手をかざして、海上遥かに見わたしていた。

私はしばらく呆然としていてから、江戸の方言集「物類称呼」を開いてみると、

きゃふ　湯巻、湯具。仙台・京

とあった。

これでやっと自信はついたが、試みに脚布なるものを京都の人に尋ねてみたが、首をひねっていた。しかし三たび壬生川に問い合わせると、地元の老人たちの間にはまだ残っている言葉で、話者の老媼は、「今のように反物が安うては、脚布の奪《ば》い合いなど一晩中せいでも、一枚ぐらいは買うても上げる」と笑ったという返事がきた。

ともかくもそう聞いてから、その眼で$\mu^1\mu^2$を見ると、なるほど今度は角力はとらずに、何か奪い合いをしているように見えないではない。もっとも織女の贈った脚布は、五色に輝く雲錦という布であるはずだと思った。

しかし、この美しい空想は、磯貝君が高松市の郊外で聞いたというフンドシバイボシで無残にも破れた。註では、天神の投げた一本の褌を星たちが奪い合っているのだという。

おとどいぼし（兄弟星）　――さそりの尾――

岡山の六条院町では、さそり座の尾のフタツボシをオトデーボシ（兄弟星）という。守屋重美氏はこれに、次ぎのような説話をそえてきた。

昔、三人の子供と母親がいた。ある晩、母親は子供たちを床に寝させて、隣りへカラース（唐臼）を踏みに行った。それを見た鬼ばばは、母親を食い殺してから、子供の寝ている家に入りこみ、末の子供を抱いて行って、台所で食べていた。その物音で目をさました上の兄弟は、のぞいて見るなり驚いて外へとび出し、裏の松の木によじ登った。鬼ばばも二人を追って出てきた。そこで兄弟は、「天道さま、天道さま、どうか私たちをお助けください」と祈った。すると、たちまち天から釣針のついた鎖が下りてきたので、二人はその釣針に乗って天に昇り、二つの星になった。さそり座のS字形の前半分はその鎖で、曲った尾は釣針、二つの星λυ《ラムダウプシロン》は兄弟が化したものである。二人が昇天した後、鬼ばばも天道さまにお祈りしたところが、一本のなわが下りてきた。そこでそれにすがって、なおも兄弟のあとを追おうとすると、なわがくさっていたので、途中からフツリと切れ、鬼ばばはまっ逆さまに落ちてしまった。その下に唐きびの畑があったので、鬼ばばの血で赤く染められ、穂や葉、茎の処々に赤いぶちが生ずるようになった。

これは民間伝承の「天道さま金ン綱《つな》」という型の説話で、山口麻太郎氏の「壱岐島民俗誌」では、山んばに追われた七人の子供が、天から下がってきた金のくさりにつかまって天に昇って北斗七星となったとある。

天から下がったくさりと見られるのは、北斗なら、早春に東北に直立した時か、初秋に西北に垂れた時だが、それ以上にさそり座の星の長列が、梅雨明けの夜、東南に直立した姿こそこの伝説にふさわしい。わたしはかねがね、ジャックが天へ昇った豆の木もこれを物語化したのではないかと思っていた。

なお、これはポリネシアのタヒチ島で、ピピリとレファの小さい兄妹が親に追われて空に逃げ、この二星となったという伝説に通じている。

ところで、さそりの尾の二星を兄弟と見る地方は、岡山初め島根・鳥取・広島・香川・山口・静岡などにある。

「瀬戸内海島嶼巡訪日記」によると、

オトドイボシ　サバイナイが兄弟を追っているという。さそり座のλυかと思われる。(岡山・前島)

兄弟星　同上と思う。(香川・牛島)

とある。サバイナイ(鯖荷い)はサバウリボシで、さそり座中心の二星である。それを追っているというのは珍しい。

これは島根邑智郡でもオトドイボシで、奈良の宇陀ではキョウダイボシ、静岡榛原郡五和村ではミョートボシ(女夫星)、同相良町で、ゴロージューロー(五郎十郎)というと、報ぜられた。

内田氏によると、周防大島ではこれを、「仲の悪い兄弟が天に昇って星となった。きらきらと瞬くのは、互いに石を投げあって眼ばたきをするためだ」といっているという。二等星（λ）と三等星（υ）とが並んで青くきらめき合っている印象を、石を投げ合うのにたとえたのは眼が高い。

江田島にもオトデーボシがあるが、故畝川哲郎君は「アキンドボシのあとと先にある」と老婆から聞いた。すると、スモトリボシ（$\mu^1\mu^2$）と、さそりの頭に近い二重星（$\omega^1\omega^2$）をいうのかも知れない。そして、ポリネシアのハーヴェイ島で、天に逃げたふたごの兄妹は、$\omega^1\omega^2$となり、それを追う父と母は尾の二星となったというのを思わせる。

なお、緒方起世人氏によると、天草地方では、カゴカツギの三星をキョウダイボシと見ているという。

終りにこの二星を、静岡地方でフタツボシ、時にガニノメ（蟹の目）とも呼んでいることは、それぞれの項にゆずる。

しょくじょ（織女）
たなばた（棚機）　——こと座——

「万葉集」の人麿、赤人、憶良《おくら》などに七夕の歌が豊富であるのから考えて、牽牛織女の交会伝説と行事とは、奈良朝より以前に唐から伝来したことが判る。そして天神の娘織女には棚機を織る女を当てて、タナバタ（ツメ）と名づけ、時にオリヒメといい、牽牛には当てる名がないので、男の敬称によりヒコボシと名づけた。それぞれ、こと座のα（ヴェーガ）と、わし座のα（アルタイル）と二つの一等星で、天の川を隔てて瞬きかわす印象が、中国で七夕伝説を生んだのである。

　文献では、「万葉集」八の秋雑歌、山上憶良七夕歌に、

　牽牛者《ヒコボシハ》　織女等《タナバタツメト》　天地之《アメツチノ》　別時由《ワカレシトキユ》云々

とあるのが古く、また名高い。平安の辞書「倭名抄」には、

　織女　兼名苑云、織女牽牛是也　和名太奈八太豆女

とある。牽牛がついているのは解し難い。

七夕祭が初めて行われたのは、女帝孝謙天皇の時であるといわれるが、その時だけで絶えた。それが宮中の年中行事となったのは平安朝に入ってからで、しだいに民衆化し、農村では在来からの田の神祭と合体して、豊作に対する信仰を伴うようになった。タナバタの語原を「田の端」と解く方言学者もあった。

今日では七夕の星を知らぬ人が大部分だが、地方にはまだ正しく指させる人は珍しくない。しかし、口にする名はさまざまで、ヒコボシはあまり行われず、オリヒメ（織姫）は主として近代の名である。呉地方にはオリコ（織り子）の名がある。

最も多いのはタナバタに性別を附けたのや、昇る順序・方角による名である。例えば、

メンタナ（バタ）　オンタナ（バタ）　香川・山口

オッタノタナバタ　メッタノタナバタ　富山

サキタナ　アトタナ　伊予

ニシタナバタ　ヒガシタナバタ　敦賀

オキノタナバタ　ナダノタナバタ　綾部

藪本弘氏は、右の敦賀の名に添えて、女夫星を「天神さまのご両親」といい、別に、はくちょう座の主星をアトタナバタというと書いてきた。これは他の地方にもある〔じゅう

もんじぼし参照〕。また、香川の牛島で、「メンタナは、沢山の星に着物を縫って着させる」といっているのは、さそり座のキャフバイボシの説話に関係があると思う〔その項参照〕。

これにつき江戸時代の俳句を引いてみる。

朝皃に紅うつしけん女七夕　　乙由
竹取が由縁なるらむ女七夕　　暁台
日もくれぬはや舟にのれ男七夕　　風虎

なお、磯貝勇君は舞鶴の吉原という漁村で、七十歳になる老人から、沖に出た時、高浜の方から吹く風をイセチということや、アナジという恐しい風のことや、また、タナバタの山入りのころから、ニシモヨウ（西風）になって海が荒れ、そのしけをキタジケともいうことを聞いた。老人は焼きサバに使うという竹のくしを削りながらぼつぼつ話したというが、この話だけでも、彼らが星をよく知っており、かつタナバタが単に星祭の対象のみでないことをうなずかせる。

ところで、織女・牽牛二星を、漠然とタナバタと呼んでいる地方は珍しくない。また、ミョートボシ（女夫星）やフタツボシは、昔から文学にもいわれ、俳句の季題でもあり、今も広くいわれている。織女・牽牛の漢名もすっかり日本語になっている。

なお、タナバタをその附近の星の群れに名づけている地方も稀れにはある。例えば、静岡の榛原郡では、いるか座のヒシボシをタナバタボシという。

それから二星をアマノカワ（天の川）と呼ぶ地方も房州の船形町その他にある。奄美大島宇検《うけ》ではアメンクラブシ（天の川星）で、浜田氏の註に、

アメンクラゴー（天ノ川）の両端にあり、旧七月七日に雨が降らぬ時は一しょになり、降る時は年中会われぬとの伝説にて、メオトボシの名もある。

とあった。

ここに注意していいのは、多い中にはこれらの名が単独の星をいわず、それと附近の星とのグループの名としていることである。例えば、和歌山日高郡から来た図には、オリヒメは牽牛三星であり、タナバタは八つの星の点が打ってあった。また、岸田定雄氏の「大和にのこる星」には、奈良丹波市の老婆が、オリヒメは南東にあるとして一直線に連ね、タナバタは三個の星に他の数個の星を連ねて示したとある。

これは中国の織女・牽牛がそれぞれ三星であることを思わせて興味が深い。漢代孝堂山画像石の織女は頭上に、三星が山形に表わしてある。江戸時代の七夕の図や、短冊紙の画

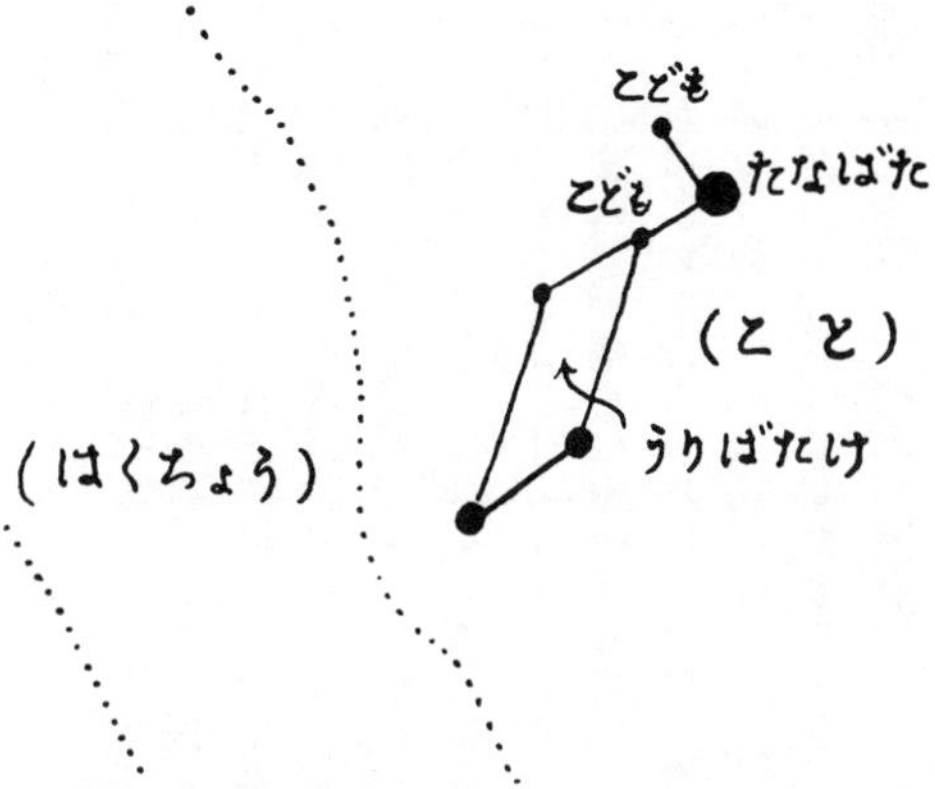

たなばたと「うりばたけ」

にも、タナバタ（オリヒメ）を近くの二星と山形に結び、ヒコボシも前後の二星と一文字に結んでいる。そして、これを正しく知っている故老はまだ農村に残っている。

　タナバタについてこれを説明すると、この和名の一等星（ヴェーガ）は、二つの五等星と各辺二度の正三角を描いている。この二星をタナバタサマのコドモ（子供）と呼んでいる地方があるのには驚嘆する。中国でも織女三星について「二小星を女子と為す」といっていた。

　これについて、室町のお伽草子「毘沙門《びしゃもん》の本地」は、天竺の王子が死んだ愛姫を追って天上を旅する物語だが、「犬二、三匹腰につけたる僧」のヒコボシに逢って道を聞くと、これより西に大河があって、その岸に「幼き男子一人、女子一人を左右に置き愛し居たる」女人がいるから、それから先の道を尋ねたまえと教えてくれる。つまり、これがタナバタで、原文は女人が名を名乗るところが脱文になっているが、二人の子供を連れていることからそれと確認できる。

また、奄美大島に残っている「天地アモレ」という民謡では、天女が飛衣《トビキン》舞衣《マイキン》を漁夫ミケランに隠され、泣く泣くその妻になり、二人の子供まで生んだが、それが五歳と七歳になった時に唱った歌から、羽衣を探しあて、子供たちを連れて天上する。つづいてミケランも天上して、それぞれ織女と牽牛となるが、今も織女のそばに二人の子供が星になっているというのである。

次ぎに、七夕伝説と行事が農村化してから、瓜や、ささげ、あずきなどが附きものになった。それは初なりの野菜を供えて豊作を祈ることから来たらしいが、七夕には、女夫星が瓜畑やささげ畑に下りて会うので、その一日は畑に入ってはならぬとか、会うと七人の子が生まれ悪い病をはやらせるので、七夕には雨が降るようにと願う地方もある。

これについておもしろいことは、タナバタのすぐ近くに、四つの星が斜長方形を作っているのを、瀬戸内の本島（香川）ではウリバタケといっている。また同じ地方にウリキリマナイタの名もあって、タナバタさんがその夜瓜を切るのに使うという。さらに、緒方起世人氏によると、熊本の隈府では、これをオコゲといい、土地の故老は、七夕の供え物を入れる竹かごの形と説明したという。オコゲは麻小笥《おごけ》で、麻をつむいで入れる桶である。

中国では古くこれを、池の中に設ける露台の形と見て、漸台《ぜんだい》といった。西洋ではこれはギリシャの手琴の形で、星座のこと座の名もそれから生まれた。民族の眼のこういう相違を思うと、興味は尽きない。

なお、七夕にちなんでは、前記香川の櫃石島《ひついし》では、サヌキノミ（讃岐の箕）、ビゼンノミ（備前の箕）という星の群れがあって、毎年七夕が近づくとその国々の方向に昇るといっている〔みぼし参照〕。

ひこぼし（彦星）
いぬかいぼし（犬飼星）　――わし座――

ヒコボシは七夕伝説が中国から渡来した時に、織女をタナバタと名づけたのに対し、牽牛を男の敬称によって彦星と呼んだのである。「万葉集」の歌にも「牽牛《ヒコボシ》」とある。しかし同時にイヌカイボシの名もあって、「倭名（類聚）抄」には、

牽牛　爾雅註云、牽牛一名河鼓　和名比古保之、又以奴加比保之

とある。また、中世歌謡集の「閑吟集」には、

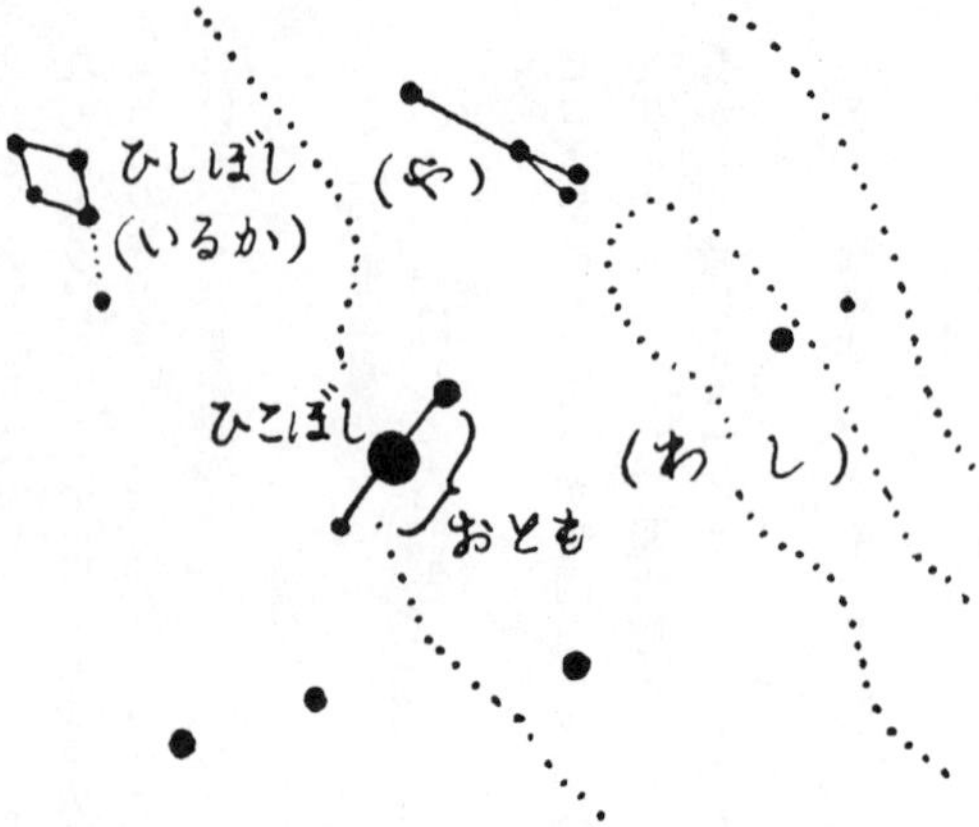

ひこぼし

犬かひ星はなん時候ぞ、あゝおしやおしや、おしの夜やなふ

を載せている。

江戸の狩谷棭斎は、「箋註倭名類聚抄」で牽牛に註してから、「以奴加比保之、名義未詳」と書き添えている。そして大ていの辞書・節用集が、「牽牛」にヒコボシとイヌカイボシを併記している。

このイヌカイの名を、わたしは、中央のヒコボシが人間で、それをはさむβ（四等）とγ（三等）を二匹の犬と見るものと判じていたが、現在でも鹿児島の枕崎でいうインコドンはこの見かたらしい。そして、福岡市の西山峰雄氏の報のインカイボシ、熊本の森猪熊氏の報のイヌヒキドン、イヌヒキボシサンもまた桜田勝徳氏の「漁村民俗誌」に「七夕

（インカイサンと天草でいう）」とあるのも、そう見るものと思う。

しかし、越智勇治郎君が福岡八幡市で聞いたのでは、織女がイヌカイボシであった。この場合、織女と三角形をなす二つの小さい星を綱で引く犬と見れば、牽牛がそれと一直線をなす犬を引っぱっているよりも自然に見える。しかし、これは話者の誤りらしい。

また、広島の走島のように牽牛をタナバタボシといい、瓜が好きで、輪切りにしたら、水が出て流れて、年に一回しか家内に会えぬという例もある。

なお内田武志氏の本には、沖縄中頭郡にママクヮブシ（まま子星）というのがあり、オリオン三星のことという。しかし「中央の大星が親、前後の小星が了で、天の川に近い方がまま子、後のが実子、そして天の川を渉る時は、まま子を先だてて河中に入る」と註してきたので、牽牛三星のことだろう、とあった。わたしも同感である。三つ星には星の大小もなく、天の川からも離れている。

次ぎに、牽牛は時にウシカイボシ、ウシヒキボシと呼ばれた。例えば、

くらがりを牛引星のいそぎかな　　来山

そして、熊本隈府の緒方起世人氏によると、ヒコボシの前後の二星をウシカイのオトモと呼んでいる。

またヒコボシはイナミボシ（稲見星）ともいわれたらしく、江戸時代の二十八宿の訳名にも「牛《イナミボシ》」とある。

ところで、イヌカイボシの名は、牽牛の牛を犬に変えたのではなく、ヒコボシよりも前から存在していたと思う余地がある。

柳田国男先生は、「犬飼七夕譚」の中で、「倭名抄」の以奴加比保之を「是にも何か特別の説話があったらしいが、それはもう埋れてしまって」云々と書かれている。わたしも同じように考える。「仁徳記」に、百済《くだら》の酒公《さけのきみ》が鷹狩を日本に伝えて鷹飼部の祖となり、犬飼部がこれに従属したとあり、「安閑記」には、「国々に犬飼部を置く」とある。イヌカイボシの名はこの頃からいわれて、何かの説話もあったのだが、七夕伝説が渡来してからそれに蔽われ、星の名はヒコボシと並んで残るようになったのではないかと思う。

これについて、柳田先生が竹取翁の文中に引かれた奄美大島の犬飼伝説では、犬飼の翁が天人女房のあとを追って、小犬の力を借りて天に昇った。そして一番の夜明け星となり、犬は二番の夜明け星になったとある。これはまだ七夕伝説に結びついていない。先生は、この話の方が先で、七夕の方へのび、例えば「信州随筆」の中にある、天人女房を追って犬の尾にすがってやっと天に昇った若者がイヌカイボシになり、天女はタナバタになったというような、犬飼七夕伝説を生んだと述べておられる。

また、何も説話を伴っていなかったにせよ、すでに以奴加比保之の名があったとすれば、これから類推して須波流《スバル》はもとより、北斗、オリオン、さそり座のような顕著な星の群れには当然和名があったと考える余地があるだろう。

終りに、浜田隆一氏の「天草民俗誌」では、犬飼さんは七夕さまの養子で、農業がへたな上につんぼだった。それで、ある時七夕さんが短気を起して、機を織っていた梭《ひ》を投げつけた。犬飼さんも腹を立てて、七夕さんの作っている瓜畑の瓜をまっ二つに切りわってしまった。それが天の川になって、二人の間を隔てて、一年に一度しか逢えなくなったという。

熊本地方では、このタナバタの投げた梭がヒボシ（いるか座）になったと伝えている（ひしぼし参照）。

じゅうもんじぼし（十文字星）
あまのがわぼし（天の川星）

——はくちょう座——

夏から秋の北の天頂で、七夕の二星の間に、五つの星が優麗な大十字を描くのが、はくちょう（白鳥）座である。もっとも十字の尾の星（β）はかなり離れているし、三等星なので、ここまで十字の縦軸をとどかすには少し眼を強いなければならない。それで、中国では十字に結んでいない。

内田氏は、京都府何鹿郡山家村から、ジュウモンジサマという星の群れを採集したが、惜しいことに出現の時期が判らない。また、氏は、兵庫川辺郡小浜村から、「夏季に天の川に見える星座で、前の星さんが四人の家来を連れて守っている」と、五つの点で十字形を描いて来たが、これも惜しいことに名がついていない。しかし、これは白鳥座の大十字で、前記のジュウモンジサマを指すものと考えてよかろうと書いている。

磯貝勇君は綾部市にいる間に前記の村を調査したが、ジュウモンジの和名は確認しなかったという。しかし、わたしは多少無理はあっても、内田氏の推定に従って、これを白鳥座の定称としたいと思う。これ以上いい名はこの後も現われないと信ずるからである。

次ぎに十字の頭にある一等星（デネブ）について、内田氏は、

フルタナバタ（古七夕）　京都府竹野郡間人町

の名を得た。磯貝君も同地で、それを確かめた上、べつに下宇川村で、ヘタノタナバタの名を聞き、さらに舞鶴でタナバタノアトボシ（後星）を得られた。タナバタより遅れて眼につくので、古い、さらにへたであると考えたのは、いかにも農民の眼らしくて微笑を誘われる。

しかし、その後岐阜の香田まゆみ君は、同地谷汲附近の農村でこの星をアマノガワボシ

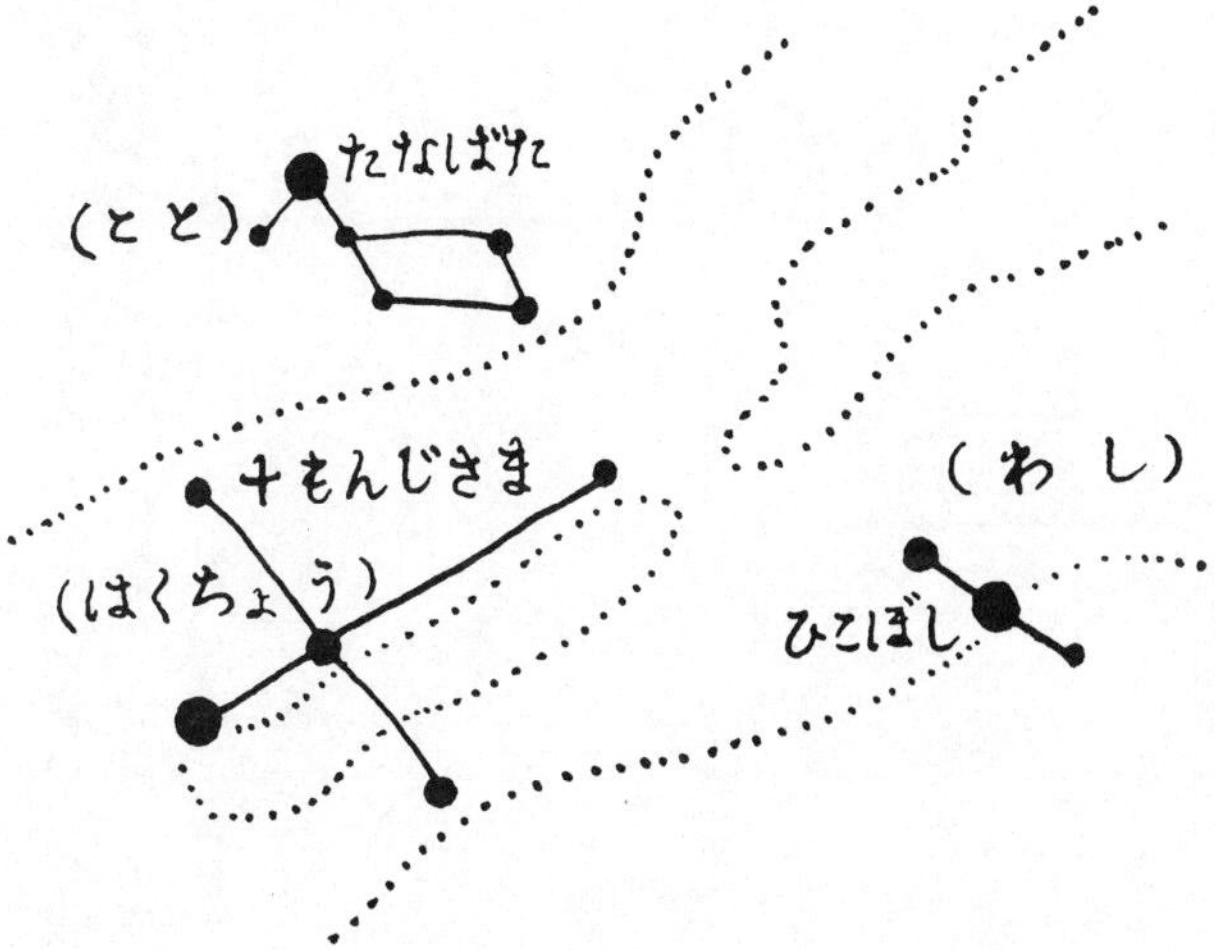

じゅうもんじぼし・たなばた・ひこぼし

（天の川星）と呼んでいることを報じてきた。次いで椋平広吉氏も、天ノ橋立地方でアマノカワボシを発見した。これは天の川の面にある唯一の一等星の名として、フルタナバタ、ヘタノタナバタより自然であり、すぐれていることは言うまでもない。もっとも、奄美大島では、七夕の女夫星をアメンクラブシ（天の川星）と呼んでいるという〔たなばた参照〕。

秋の星

ほっきょくせい（北極星）——小ぐま座 α——

北極星は他の星の漢名と共に古く中国から伝わった名だが、いわば学用語にとどまって、異名の北辰が妙見信仰によって普及したのには及ばなかった。辞書にも、例えば江戸の「物類称呼」には、「北辰」を見出しにして「北極と称するも同じ」と添え書きしてある〔ほくしん参照〕。さもなければ和名のネノホシ、ヒトツボシがいわれていた。

けれど、すでに羅針儀を備えて外洋を往来していたような船舶ではいわれていたと見える。その例を漂流記にあさってみると、文化年間の「環海異聞」には、

此所にては一つ星（北極星なり）頂上より少し北の方へ向ひて見え申候。

とあって、一つ星の註に用いている。

また、文政五年の「督乗丸船長日記」は、十七カ月にわたる悲惨な漂流の記録だが、赤道地方のくだりに、

北極もかくれ、ますますあつき所に至り、日の出でより未の時頃までは暑さにたえず
云々

とある。北極は、むろん北極星である。

また、嘉永三年の「播州人米国漂流始末」には、アモイからマニラへの航海に、

夫より午未の方へ向け昼夜七日はしり、メメラ（マニラ）と申す嶋へ着船、此所に壱ケ月滞船して十二月中頃まで居候様覚え申候、私共平日北極星を目当といたして船乗致し候儀なるに、当時にては北極星余程低く相見え申候。

とあった。

こういう文を読むと、マルコ・ポーロが「東方見聞記」に、港々で見た北極星の高さを記しているのを思い出させる。

また、有名な「漂流万次郎帰朝談」には、雑談に、

彼土（アメリカ）には北極星有れど、南極には星は無しと云。

とあった。南極星の有無を、今の人たちと同じような好奇心で聞いたことだろう。

一方、北極星に北辰の名を用いた例は、同じく漂流記の「亜墨新話」に、

北辰は日本よりは余程低く見え、土人の話には日本の昼はこの地の夜なりなどと云へりとぞ。


とある。

なお、文政六年の草野養準編「遠西観象図説」の蘭和対照術語表には、ノールド・スタールを「北星」と訳している。これは普通には北辰の意味でいわれたらしく、内田氏は青森東津軽郡のホクセイを引いている。また、静岡の舞阪町でいうホッキョクサマも、北辰妙見の意味にちがいない。

北極星の名が今日、北辰はもちろん、一般の和名に代って全国的に行われていることはいうまでもないが、以下しばらくその和名を挙げて行く。

ほくしん（北辰）
みょうけん（妙見）

北辰は、中国の最古の辞書、魯の周公編という「爾雅」に、「北極之れを北辰と謂ふ」とある。また論語の為政篇には、「(孔) 子曰く、政を為すに徳を以てす。譬へば北辰の其の所に居て衆星の之れに共《むか》ふが如し」とあるので名高い。「和漢朗詠集」にも「徳是北辰、椿葉之影再改」とある。

しかし北辰は、陰陽道・宿曜道でこれを祀る尊星供《く》によって、専ら妙見菩薩のことになった。三井寺開山の智証大師は、「星宿の王は尊星王也、尊星王を以て妙見と名づく」云々と書いている。また、後白河法皇撰の「梁塵秘抄」の今様には、

妙見大悲者は、北の北にぞおはします、
衆生願ひを満てむとて、空には星とぞ見えたまふ

とある。これはこの菩薩が眼睛《ひとみ》特に清らかで、善く物を照らし、衆生の善行悪行を見通すために妙見といい、空では北極星となって現ずると信ぜられたからだという。

平安朝に入って、北辰に法燈をささげる御燈の祭が朝廷の年中行事となり、また真言宗でも七曜（北斗七星）の星祭を行ったので、民間でも同じく灯を供え福を祈り、男女入りまざって歌舞を催したが、やがて風俗を乱すようになった。それで延喜十五年、次いで弘仁二年に「北辰を祭るを禁ず」という勅令が出て、やむを得ざれば同じ日に集会すること、この制に反く者は、法師は名綱（僧の取締り）に引き渡し、俗人は違勅に問うべしと達しがあった〔ほくと参照〕。

これで星祭がいかに盛んだったかが想像できるが、この時代にはすでに北辰を北斗と混同していて、「北辰を祭るを禁ず」というのも、北斗の祭のことと解される。これは江戸安永の「倭訓栞」に、

　ほしまつり　真言家に尊星王法ありて、当年星とて、七燿のうちに其年にあたりたる星をまつるなり

とある文でも判る。尊星王は北辰妙見で、七燿（曜）は北斗七星である。

妙見菩薩

また、仏書にも「妙見は北斗七星、衆星の中最勝也」云々ともある。

しかし、妙見は星としては北極星で、北斗七星ではない。仏としての本地(能現の本身)は経典には示されてなく、釈迦とも観音とも、時には薬師ともいわれているが、北斗はこれに属する七菩薩で、法隆寺の有名な星曼荼羅《ほしまんだら》には、中央に弥陀如来が坐し、北斗七星は、唐風の衣冠の七人の菩薩としてめぐっている。

そして妙見菩薩の典型的な像は、月輪の中に坐して、左手に蓮花を持し、その花の上に北斗七星が載っている。奈良法輪寺妙見堂の本尊木像は、四手で日輪と月輪を捧げ、紙と筆を持ち、円形の光背に北斗の七菩薩が七つの円輪の中に坐している。筆と紙を持っているのは、時に文昌星といわれたからである。

さてその後、北辰ないし北斗を祀ることは衰えて、朝廷の御燈の行事も絶えたが、日蓮宗が興るに至って妙見信仰が再び盛んになり、全国に妙見堂があった。能勢《のせ》の妙見がその例である。加藤清正がこの信者であったことは有名で、浄瑠璃の政清本城の段にも、「これぞ北辰尊星より授かる所の七星丸、それがし年来守護せし名剣」などの文句がある。

また、武士階級では、北辰妙見が北斗の七菩薩をひきいて国土を擁護するという信仰から、武運をも守ると信ずるようになった。中でも多田満仲を初めとして、大内、島津、千葉氏らが熱心な信徒であった。

千葉氏の一族は、その祖平良文が平国香と戦った時、妙見の加護によって勝利を得たため、子々孫々まで妙見に帰依して、月・日・星を家紋とするようになった〔しちようの星参照〕。また、国香を殺して天慶の乱を起した平将門も妙見の大信者で、いわゆる七人の影武者も、北斗の七菩薩に象どったものという俗説もある。

周防の氷上山は、推古時代に北辰尊星供《く》をもたらした百済の王子の子孫多々良氏が、一千余年も毎年二月十三日北辰を守った霊地と伝えられて、大内氏の信仰が厚かった。大内氏は、鷹の餌に亀を用いることを禁制としていた。これは北辰が玄武（亀蛇）に坐しているからである。

さてこうして、室町から江戸の辞書節用類も、ほとんどすべてが、北斗とならんで北辰の名を掲げている。例えば「物類称呼」には、

北辰　ほくしん　北極と称するもおなじ、うごかぬ星なり　上総国にてひとつのほし、又番の星と称す

とある。「うごかぬ星」とは、「うごく星」の北斗に対し、区別を明らかにしたので、この他にも北辰と北斗との異同を論じたものを散見する〔ほくと参照〕。

今日でも、長谷川信次氏によれば、群馬・埼玉地方にホクシン（リマ）がいわれ、内田氏によれば、静岡地方にホクシンサマ、ホクシンミョウケン、ホクシンボサツ（菩薩）がいわれている。

さらに分布が広いのは、ミョウケンボシで、静岡・長野・青森・佐渡・広島・大分その他でいわれており、「豊後方言集」には、「北辰妙見菩薩信仰に基づく」と註してあった。しかし、時には、北斗七星をミョウケン（ボサツ）と呼んでいる土地もある。

また、東津軽地方にホクセイ（北星）の方言があるというが、天永四年二月、白河法皇の北辰御祭文にも、「伏して惟んみるに、北星は七曜九執の至尊を為し、千帝万王の暦数を掌る」云々とある。

なお前記「物類称呼」の「番の星」は、地方により北極星の真反対にある$\beta\gamma$二星の名になっている〔やらいぼし参照〕。

ひとつぼし（一つ星）
しんぼし（心星）

ヒトツボシとは、これだけ聞いたのではたよりのない名である。しかし、あの不思議なほど星の稀れなほの暗い北の空の中央に、ぽつりと一つ光の点を打っている北極星を仰げば、これは自然と唇に上る名である。さらにこれは、晴れてさえいればいつの夜もそこに見出される常住の星で、それでこそヒトツボシの名に値する。

この名の最も古い文献は伊予の能島家伝に、スマル・四三の星と共に出ている「一つ星」であろう〔しそうのほし参照〕。降って江戸の「物類称呼」には、北辰のくだりに、「上総の国にてひとつのほし……と称す」とある。また、文化年中の漂流記「環海異聞」にも、「一つ星（北極星なり）」と出ている〔ほっきょくせい参照〕。

今日でもヒトツボシの名は、北は青森・岩手・福島から南は福岡・鹿児島まで、諸地方でいわれている。略してヒトツといっている土地もある。かつて大内修二郎氏は房州勝山の船頭から「昔は、観音崎を入ると、ヒトツを目あてにして江戸に着くといい慣わしていた」と聞いた。

わたしの亡い母も、子供のころ親船の船頭から「キタノヒトツボシはいつも天下様のおつむりの上にある。あの星を目あてに船をやれば、まちがいなく江戸へ入れる」と聞いたと話していた。このように「北」を冠して、

キタノヒトツボシ　青森・群馬・千葉・静岡・三重・和歌山・鹿児島他

という名も広くいわれている。大隅地方では訛って、キタニヒトツボシである。また、長崎西彼杵郡ではキタノイッチョボシ、青森の野辺地ではキタノイッテンである。

都下浦安町の田中盛夫氏は、昔徳三丸という大船の船頭が七日七晩見ていたが、キタノヒトツはちっとも動かなかったという話を聞いたという。

わたしの甥は、ある夏隠岐の島後で、「キタノヒトツボシは沖を走る時分、帆の耳に出して目じるしにする」と聞いた。また、「シソウ七つと、キタノヒトツボシの剣」という

名を聞き、外へ出て指さしてもらった。すると、シソウ（四三）七つは西北の空にかかっていた北斗七星だが、北の一つ星の剣は、小ぐまの二星（ヤライボシ）を左の星（りゅう座のκ）と結んだ鈍角三角形のことで、この剣先はいつもシソウ七ツの桝を指していると説明されたという。

なお根本順吉氏によると、ヒトツボシは、茨城行方《なめかた》郡では漁夫にとりたいせつな星なので一ノホシという。この名は露伴先生の「水上語彙」にも見える。そして、これに対し、βを二ノホシ、γを三ノホシといっている。

この他に北極星の和名を代表するのは、ネノホシだが、それには一章を設けるとして、「豊後方言集」には、

キタノホシ、時にはキタボシともいう。

とある。これは青森・福島・静岡・愛知から鹿児島地方でもいい、またキタノミョウジョウ、キタノミョウジン（明神）、時には単にミョウジョウという地方もある。キタノオオボシ（北の大星）、オオボシも静岡地方にある。

その他に分布の広い名は、内田氏の採報によると、

シンボシ（心星）　静岡・愛知・福井・青森他

メアテボシ（目当て星）　静岡・式根島・丹波・青森・岩手他

である。

シンボシはこの星を空のめぐる心棒と見たもので、島根地方では、シンボウという。しかし、静岡安倍郡の一部では、シンボシは北極星と附近の星とをヒシ餅の形に結んだもので、その傾きから方向と時刻を知るという。前記、隠岐の「北の一つ星の剣」に似た見かただろう。

メアテボシは、むろん海上での目標となる意味で、かつて故萩原俊雄君は八丈島の島庁にあった江戸の記録から、

北の麓にテツ（一つ）出る星は、諸国舟方の目あて星

という古い木遣り歌を見つけてきてくれた。この島にもメアテボシの名があるだろう。この他、同じ意味でメジルシボシ（富山地方）、ホウガクボシ（福井地方）があるという。

終りに、岩手の宮古町の近くで、北極星をウミナリボシ（海鳴り星）というと、これも内田氏の採集にあって、方言辞典にも載ってある。すばらしい名である。ただ、海鳴りに結びつけるには北極星は高過ぎる。二月の沖に低いメラボシ〔その項参照〕なら最もふさ

わしいが、岩手では見えない。わたしはこの名は特殊の星でなく、海鳴りの時に見える目だった星をいうものではないかと思っている。

ねのほし（子の星）

これは、北極星を、十二支でいう方角の「子《ね》」で表わした名で、江戸の辞書にも出ている。今もネノホシ、ネボシ、ネノホウノホシ、時にキタノネノホシなどで、北は北海道から南は奄美・琉球までも分布している。これら南島では、ネノフシ、ネヌホーブシ、ニヌファヌフシなどと訛って、すぐれた俚謡をも伴っている〔琉球の星参照〕。

若狭（福井）の東尋坊に近い雄島村安島《あんと》にナンボヤ踊りというのが残っていて、杉原丈夫、半沢正九郎二氏から別々に報ぜられたが、テンポののろい、いかにも北国の磯浜に育った盆踊り唄であるという〔かじぼし参照〕。その一つに、

あだに思うなニノホノホシを、殿がみあてに船はせる

がある。「子の方の星」の意味で、土地では子を「ニ」、午を「マ」と訛っているという。

もちろん、ネノホシが船のアテであることを歌ったもので、日本海の荒海を行く船頭の妻が夫を思う心か、あるいは、泊り泊りの一夜妻が情人の安否を祈る心を寄せた俚謡として、内地では無類のものである。

さて、北極星はほとんど天の北極に位置している星で、福里栄三氏の「南方薩摩方言集」にあるスワイドン（すわり星）の名などもよくこれを表わしている。瀬戸内の瀬島では、「ネノホシは出雲大社さんの真上にある」といっている。しかし正しくいうと、北極星と天の極との間には、見かけの月を二つならべられるほど離れている。それで、この星も小さい円を描いて、一日に一回、極を中心にめぐっている。これは北の方角を判ずる上にそう関係のあることではないが、日本の船乗りは永い間の経験からこの事実を知っていた。

もっとも、その動く度合い（約一度角）が確かでないのは無理もない。例えば、房州船形の老船頭は、「キタノヒトツボシは、一夜に三尺ほど動く」といっていたが、内田氏によると、静岡白浜村の漁師は「一寸八分動く」といっているという。同じ静岡地方では、故浅居正雄君が御前崎に近い小学校で四十九人の生徒について調べたのでは、「シンボシ（北極星）は、一夜の間に三寸五分、または屋根瓦一枚ぐらい動く」といっていた。沖縄の糸満の漁夫は「ネノフシは一晩の中に三尺ぐらい動く」といっているという。

ところで、ネノホシの動きを初めて発見したという人物が半伝説的に伝えられている。

これを初めて報ぜられたのは、広島の磯貝勇君で、それをわたしが発表すると、愛媛壬生川町の越智勇治郎君から同地で聞いた説話を報じてきた。

広島の地御前では、江戸時代の浪速の船頭熊野屋徳蔵が北回船《きたまいぶね》で蝦夷地へ昆布やにしんを買い出しに行った留守に、女房が機を織りながらネノホシを見ていると天窓の間で一寸角だけ動いたのを発見して、この星が当てにならぬことを知り、やがて帰ってきた夫に警告したといっている。壬生川では、これは桑名屋徳蔵で、女房はネノホシがれんじ窓の桟一本だけ動くのを発見し、あくる夜はたらいに水を満たし、眠くならぬようにその中に坐ってネノホシの動きを見とどけた。（瀬戸内の男木島では、たらいの水にネノホシを映して見たという。）それで夫の徳蔵は荒乗りの名人となったという。

そうかと思うと、宮本常一氏の「周防大島生活誌」によれば、桑名屋徳蔵（銭屋五兵衛ともいう）は初め向う風が吹くと船に乗れず、また夜は一こう船に乗れなかった。夜半に追手が吹いても見す見すそれを見のがしていた。それを女房が毎晩戸のふし穴に見える一つの星が目あてになることを知って、夫に教えた。それで徳蔵は夜でも船に乗って仲間の倍も航海して大もうけをした。徳蔵はいつも戸のふし穴からネノホシの見えるところに寝ていたが、ある年に星が見えなくなったので、枕を動かして見ると、ちょうど枕の長さほど動いた。「どうも妙なことがあるものだ」と女房に話したが、それから間もなく死んだ、となっている。

この話は、銭屋五兵衛のことにもなっているが、内田氏によると、静岡の白浜村ではこれが天竺徳兵衛になっているのはおもしろい。

桑名屋徳蔵のことは、江戸時代の随筆「雨窓閑話」や「雲錦随筆」などに出ている。また芝居でも、大阪の並木正三が「桑名屋徳蔵入船物語」という狂言を作っている。わたしはまだ徳蔵の実伝をつきとめる資料を見出さないが、よほど名高い船頭で、ナギ見やアテボシの知識にも通じていたと思われる。

ともかくも、ネノホシがそれ自身も極を中心に回っている事実を発見した人物を伝えているのは、わたしの知る限り、東西を通じてこの説話があるだけである。

やらいぼし（遣らい星）
ばんのほし（番の星）　——小ぐま　β・γ——

北斗七星をカジボシ（舵星）という地方は多いが、初めこれをカイジボシとして知らせて来た敦賀の藪本弘氏は、同時に、

カイジボシがネノホシ（北極星）を取って食おうとするのをヤロボシ（野郎星?）が邪魔している。

として、ヤロボシを小熊座のβ・γの方言と註して来た〔かじぼし参照〕。

これは、北斗七星が北極星をめぐり、さらにその内がわでβ・γが北極星をめぐっている周極運動によった伝承で、初耳にはひどく珍しかった。しかし、ヤロボシの意味は疑問に残っていた。

ところが、間もなく広島の磯貝勇君は、小熊のβ・γをヤライボシということを、向洋《むかいなだ》の元船乗りだった老人から聞いた。ナナツボシ（北斗）が、キタノネノホシ（北極星）を攻めようとする、それをヤライボシが防いでいるという。また、安芸郡矢野町でも、キタノネノホシが出世したので、シソウノホシ（北斗）がやってやる言うて上って来るといっている。ただし、これはβ・γには触れていないと報じてきた。

これでわたしは、敦賀のヤロボシはヤライの転訛で、「鬼やらい」などの「遣らい」ではないかと考えるようになった。

なお、福井の半沢正九郎氏は、坂井郡の安島《あんと》に伝わるナンボヤ踊り〔ねのほし参照〕に、

とろうとろうのカジボシまわる、とらせまいとのカジボシが

という唄があるのを報じてきた。恐らく、「とらせまいとのヤロボシ」が本歌であったも

のと思う。

その後、「瀬戸内海島嶼巡訪日記」の星の呼称にも、三、四の島でヤライ（ノ）ホシがいわれており、愛媛の神島では、「シソウノケンの回る方にヤライボシが回って、ネノホシの食われるのを守っている」とあった。高知吾川郡にもこの名があることを村上清文氏から報ぜられ、また房州勝浦と北条にも、同じ口碑があった。

しかし、本田実君が北見枝幸から報ぜられたのでは、

北極星を子《ネ》の星といい、北斗七星を七曜《ヒチヨウ》の星といい、カシオペヤをヤライの星といっています。そして、七曜の星が子の星を取って食べるので、ヤライの星がそれを防いで回っているといっています。

とあった。後に桑原昭二氏の「はりまの星」に、

ヤライノホシ　　岡山妻恋地方では五つである。

とあったのも、同じくカシオペヤのWを指すものかと思う。そして、この見かたも合点がいかぬでもない。

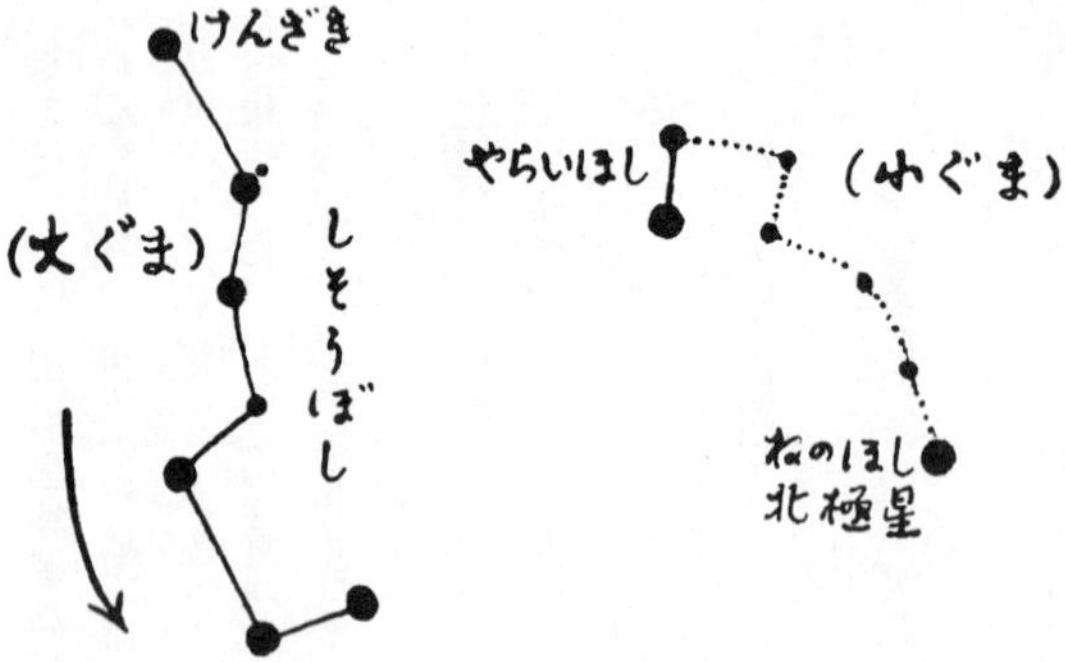

しそうのほし・やらいぼし

わたしの甥は、宮城亘理郡荒浜村で、「ヤレーの二つの星がシッチョーを防ぎながらキタノヒトツのまわりを動いている」と聞いた。この「ヤレー」は、むろんヤライの転訛である。そしてこれを語った老人は、「ヤレーとは通さないことだ」と説明したという。

しかし、甥は岩手九戸郡宇部村で、ヤライノホシと共に、ジャロッボシの名を聞いた。内田氏の採集にもある。これはヤローボシから転じたものだろうと思う。

ずっと以前、内田氏の報告に、鹿児島枕崎町では、ヤエノホシ、またはヤヨイボシと呼んで、同じ伝承を伴っているとあった。当時は、氏も私も、ヤエの意味が判断できなかった。しかし、やはりヤライから導かれたものと考えるべきだろう。

なお、静岡地方では、β・γをニノホシ、またはバンノホシ（番の星）という。

後者はヤライボシと同じ見かたで、田方郡では「シソウやらずのバンノホシ」という言葉があるという。

これは、西洋でも同じく極の守衛と見て、英語で“the guards of the Pole”と呼んでいるのに通じている。しかし、「物類称呼」では、「番の星」は北辰（北極星）のことになっている。

終りに、カジボシは北斗七星をいうが、磯貝君が宮津・舞鶴で聞いたのでは、小ぐまがカジボシサンで、「船の形になっていて、北について動かない。星が五つある」という。小ぐま座七星は大ぐまの北斗を小さくしたような形なので、船の形にも見えないでもない。星を五つといったのは、中間の星がよく見えないためだろう。静岡の一部ではこれを北斗のヒチヨウ（七曜）に対し、コヒチヨウと呼ぶという。

みぼし（箕星）　――いて他、みずがめ・へびつかい・ケフェウス――

夏から秋へかけてのいて、（射手）座は、その西半分が弓に矢をつがえた形となるために、この名がある。その下半部の四星の作る四辺形が、二十八宿の一の箕宿《きしゅく》で、舌《ぜつ》（広い部分）を右へ開いているのを農具の箕《み》の形と見たのである。

そして東半分は、四辺形に二つの星を柄にして、六星ながら北斗そっくりの形に見える。それで北斗七星に対して南斗六星という。二十八宿では斗宿である。

ところでミボシ（箕星）は、南斗から柄を除いた四辺形の和名で、これも舌を下へ開いて、正に箕実の形に見える。わたしは初めこの名を、島根鹿足郡日原の大庭良美君から報ぜられた時には、西隣りの漢名箕宿の名が誤ってここに移ったのではないかと考えた。江戸時代の二十八宿の訳名にも、箕宿はミボシとなっているからである。

しかし、わたしはすぐこの考えを捨てて、ミボシは日本の農村で生まれた純粋の名に相違ないと判断した。箕としての印象は箕宿よりも鮮かであるし、また二十八宿の訳名は広く行われずに終ったからである。そして江戸時代からあった名である証拠には、延宝時代の「談林句集」に、

鼻ひるは箕ぼしかすゞし飛ぶ螢　摂津　長祐

というのが見出だされる。

さて、ミボシは、その後広島・香川・岡山・奈良・和歌山・静岡の諸地方でいわれているのを知った。中野繁君からは大分の中津町で、ミイボシと呼ぶと報ぜられた。しかし、必ずしも南斗のものではない。

フジミボシ（藤箕星）　広島安佐郡でいう南斗のマス、箕を一般にこう呼んでいる。

タカミボシ（竹箕星）　和歌山日高郡の従妹から。南斗を描いてきた。

テミボシ（手箕星？）　福岡の西山峰雄氏からで、テミは竹製で和紙をはった、かなり大きなザル。この星は、田植ごろ七夕さまが上る時分に一ばんよく見えると言って、南の方を四〇―五〇度ほどの高さに指さして教えられたという。

タロミボシ（？）　奈良県宇陀地方の方言で、タロミは竹で編んだ箕であると、辻村精介氏の註にあった。岸田定雄氏の「大和にのこる星」では、添上・磯城・生駒などの郡にも、タロウミボシの名があり、綿をふるい分けたりする三尺もある大きい箕からで、生駒郡の人は、この星は北斗七星の中にあるといったという。


この場合は、明らかに北斗の桝の形をいうものらしく、前のテミボシも季節から考えて、からす座の梯形ではないかとも思われる。また本井公夫氏の報の、明石でいうミイボシも、四つの星が梯形に並んで、かつ光の強い星であるという。

なお磯貝勇君は、熊本の森下功氏から、ミボシはスバルの異名で、「十一月ごろ、籾すりに夜半より働く時に東の空にかかって見える」と聞き、また、群馬の長谷川信次氏は、その地方で牡牛座の辺の星をミボシと聞いたという。これは恐らくヒヤデス星団のＶ字形をいうものと思う。

四辺形のような単純な形にならぶ星は、空のあちこちで見出だされるので、時に名前がダブルことは怪しむに当らない。これは他の星名にもあることである。例えば漢名の斗も、北斗・南斗の他に幾つか名づけられている。

ところで、内田氏の書には、

山口県吉敷郡佐山村では、南天に二つの箕星を見て、西方にある射手座の四星を「長崎箕」と云ひ、東方にある水瓶座四星を「東京箕」と呼んでゐるといふのは、興味深いことである。これは東京または長崎の上方に現れてゐるといふ意ではなく、東西の方向を東京と長崎の地名を採って代表させたまでである。

と書いている。トウキョウミとナガサキミ！　まことに愉快な名である。

水瓶座の四星というのは、その中心で眼をとらえる三つ矢形の星群のη・γと、その下方のλ・θで、それを結んだ梯形が箕であるらしい。これも農耕の必要から見出だしたものとすれば理由になるだろう。ただそれにしては、トウキョウミに対して小さくもあり、印象が稀薄である。

なお、これに似た一対のミボシが他にもある。香川県の櫃石《ひついし》小学校で生徒から集めた星

名の中に、

サヌキノミ（讃岐の箕）　ビゼンノミ（備前の箕）

というのがあり、七夕が近づいて来るころ、それらの国の空に昇る。それぞれ、へびつかい座とケフェウス座をいうとあった。この場合は四つの星の作る箕の形でなく、大たい将棋のコマの形に見られる。しかし、ひどく巨大であるし、他に和名のないこの二つの星座であるだけに愉快である。ただその地方だけのものであるのは仕方がない。そして、星に箕の名が多いことは、これが農具として一種神聖のものとなっていたことを思わせる。

終りに、いて座のこの四星を、静岡市の一部でシボシ（四星）というという。これも四つならびの星に共通の名である。

なんと（南斗）

南斗は、江戸時代には、北斗に対して特にナンジュと訓していた。慶長二年、易林なる人が註を加えた「易林本節用集」に、「南斗《ナンジュ》」（星）とあるが、もっと古い文安の「下学集」には、「南斗《ナンシュ》、北斗《ホクト》」注「斗字、従㆓南北㆒而音異也」とある。さらに元文の「塵袋」には、南斗の斗は「料」の略字でシュと読み、これはヒサゴの意味であろうと註している。

南斗は、識者の間では、北斗から自然に連想されていたと見えて、例えば「一話一言」に引かれている「今村源右衛門日記抄」に、寛永中薩州屋久島に来た羅馬人を江戸へ送り、宝永五年（?）十二月六日、切支丹屋敷で「備中守様より異人へ相尋可申事御書付の写」として、

一、南斗は日本を何程はなれ候て見へ申候哉
二、北斗は日本を何千里はなれ候て見へ申候哉

云々の問いに対し、異人は、

一、南斗は日本より四拾度程南へ参候はゞ見へ可申候
二、北斗は日本より四拾度程南へ参候はゞ見へ申間敷と奉存候

と答えたとある。恐らく、南斗を南十字星を尋ねられたと考えての答だろうが、この答で満足した顔を想像すると気の毒である。

ところで、南斗（六星）の漢名は、むろん農民漁民の間には知られていなかった。主として、その中の四星のミボシで通っていたのだろう。しかし、この全体をいう名もなかっ

たわけではない。

石川県珠洲郡宝立町というと、能登の突端に近い半農半漁の町だが、そこの金田伊三吉氏から、

キタノ大カジ　ミナミノ小カジ

を報ぜられた。北斗七星を舵の形と見たカジボシ〔その項参照〕の名は分布が広いが、これを「北の大舵」、南斗六星を「南の小舵」と呼び分けたもので、今では故老でもいう者は少くなったという。しかし、この語呂はなかなかに快い。

ところで、内田氏は渋沢敬三氏の談から、富山の氷見町附近で北斗を北ノカジボシ、それに対して南ノカジボシという星名があったと聞き、後のは南斗六星を指すのだろうと書いている。これは前記の方言を裏書きする。

なお那覇では、夏季に東南に見える舵状の星をカジブシといい、北斗をニーヌファヌ・カジブシ（子の方の舵星）というそうで、これもンマノファヌ（午の方の）などの形容があったのかも知れない。おそらく内地から伝わったものか？

この他、北斗のシソウ（四三）の名が、静岡の一部では南斗にもいわれるという。星の数は一つ足りないが、これもありそうな話である。

ひしぼし（菱星）——いるか座——

七夕のヒコボシのすぐ北東に、四つの四等星が集まって、雛祭のひし餅の形に見えるものので、ヒシボシの名は誰れの口にも浮んでくる。星座では、いるか（海豚）で、もう一星を尾につけてギリシャの神聖な海獣と見ている。

手のひらでも隠せそうな大きさに過ぎないが、よく眼につく星の群れなので、昔から注意されていたと見えて、江戸時代の京都の国学者畑維竜は、随筆「四方の硯」に、他の星の名と共にこう書いている。——

星象を見ることは、農民よりくはしきはなし。大和の国は水のとぼしき処なれば、四月比より夏中、農民夜もすがらいねずして、星象ばかり見て種おろし、あるひは夜陰の露おきたるに苗のしめりをしり、米穀の実のると、みのらざるとを、あらかじめはかりしる事なり。その星にからすきぼし、ひしぼし、すばるぼし、くどぼしなどやうの名をつけて、某の星は何時に何の位にあらはれ、何時に何方にかくるなどいひて、その目づもりにてはかること露たがはず。

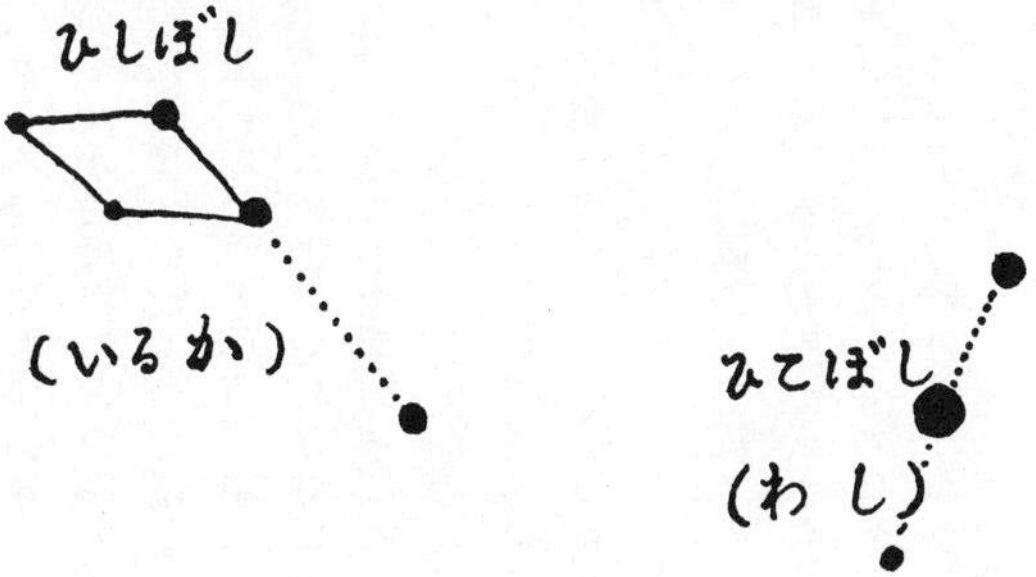

ひしぼし

星を農作のしるべとすることは、程度の差こそあれ、どこの田舎でもやっていたことで、こういう星の名もその貧苦の生活から吐かれたと思うと、単なる趣味の眼では見られない。

ヒシボシの名は初め大分、次いで和歌山から報ぜられたが、その後、奈良・熊本・広島・長野・静岡各地で見出だされた。井上秀夫氏は、上諏訪でこれが夏・秋の日没後西に見えると聞き、一月の夜明けに指させたところ、いるか座だったと報じてきた。

大和地方では、ひし餅はヘシモチで、星の名もヘシボシである。岸田氏の「大和にのこる星」には、丹波市の一老婆は、シシボシと訛って、これが出る時豆を蒔くとよいといっていたとある。

丹後の天ノ橋立附近では、ヒンボシ、またはヒシガタボシのほかに、フクボシの名もあるという。これは福星だろうか。魚のフク（＝フグ）なら、いるか座に通じて愉快だろう。これをフグぢょうちんに似ていると書いてきた女性もあった。

ところで、緒方氏の報では、熊本の甲佐地方では、いるか座はヒボシ（梭星）で、七夕の織女が投げた梭《ひ》といっているという。わたしは初めヒボシを、ヒシボシが訛って七夕伝説に結びついたものではないかと考えた。しかし「天草民俗誌」には、織女の投げた梭が火星になったという伝説がある。また、熊本の森下功氏は祖母から、牽牛星がなまけ者で、牛をつれて遊んでばかりいるので、織女が怒って、機を織っている間に梭を投げたと聞いたが、それが牽牛のそばの星でγらしいといってきた。ただこれらの星に比べると、ヒシボシは梭の形として一ばん無理がない（ひこぼし参照）。

こういうふうに、ある星を他の星の伝説に結びつける例は、外国にもある。例えば、北斗の第二星についている和名ソエボシ（その項参照）を、南欧神話ではプレヤーデス（スバル）の七姉妹の一人エレクトラが奔って化したものとする類である。

なお、静岡の浜名郡では、ヒシボシを納豆《なっと》などを包むわらづとの形と見て、ツトボシと呼んでいると石田淳氏から報じて来たが、これは榛原郡・小笠郡でいわれるという。ツトボシは多くおうし座のヒヤデス星団の名になっているが、納豆のツトでは、なるほど小さいヒシボシの形のほうがふさわしい。

みなみノひとつぼし（南の一つ星）――みなみノうお座他、さんかく・おひつじ――

　秋の星月夜は、天の川の占めるにまかせて、目だった星はとぼしい。特に南の空の、やぎ座からみずがめ座一帯の星空がそうで、二十八宿の虚・危などの名称もそのためらしい。西洋でもここらの星にはアラビアの耳遠い名を借りている。従って和名がありそうに思えないが、内田武志氏はつぎのような名を挙げている。

　まず、やぎ座で目につくのは、右のはしに二つの三等星が、角度で二度をへだてて、たてに並んでいる。これが、やぎの角で、二十八宿では牛宿の角にあたる。

　この二星が、静岡市で「夏から秋へかけて出る黄色の小さい二つの星をミョウトボシという。その間隔は一丈位もあり、これは時間の星だ」というものらしいという。星の色は大体あたっている。常用恒星で、時間を測る星でもある。ただ、ミョウトボシというには縦にならんでもおり、間隔が大き過ぎるので、どうかと思う。

　次ぎに、その東に隣るみずがめ座で目につくのは、四つの四等星の群れで、星座ではこれを水がめの形と見ているが、つなげば三つ矢の形になるので、わたしはミツヤノホシと仮称している。

ところが、山口県の南部、吉敷郡佐山村ではこれを箕《み》の形と見て、西のいて座にあるミボシを「長崎ミ」、東にあるこれを「東京ミ」とよんで、二つのミボシを対立させているという〔みぼし参照〕。

まことに面白い話である。また、内田氏がこの二つのミボシを日没に見るのが稲刈り時にあたるとして、箕に結びつけているのもいい。ただ、「東京ミ」が箕の形に似ていないのは仕方があるまい。

次ぎに、みずがめ座の南には、ぽつんと一つ、秋から冬の夜にはめずらしい一等星が光っている。みなみノうお座の主星でフォーマルハウト、中国の名は北落師門である。

これは西洋では航海用の重要な星となっているので、和名もないはずはないと思うが、耳にしたことはなかった。それで、北極星の「キタノヒトツボシ」から思いついて、仮りに「ミナミノヒトツボシ」と名づけておいた。

ところで、それよりも以前、わたしは桜田勝徳氏が沖縄糸満の漁夫長大城亀氏と対談した筆記を読んだが、その中に、大城氏の話として、

ネノ星《フシ》（北極星）なア、どうしても動かん。外に六つあるが、七つの内六つは動く。一晩に大方三尺から六尺は動く。ンマの星《フシ》はちょうど今から先、秋に出る、色は赤い。

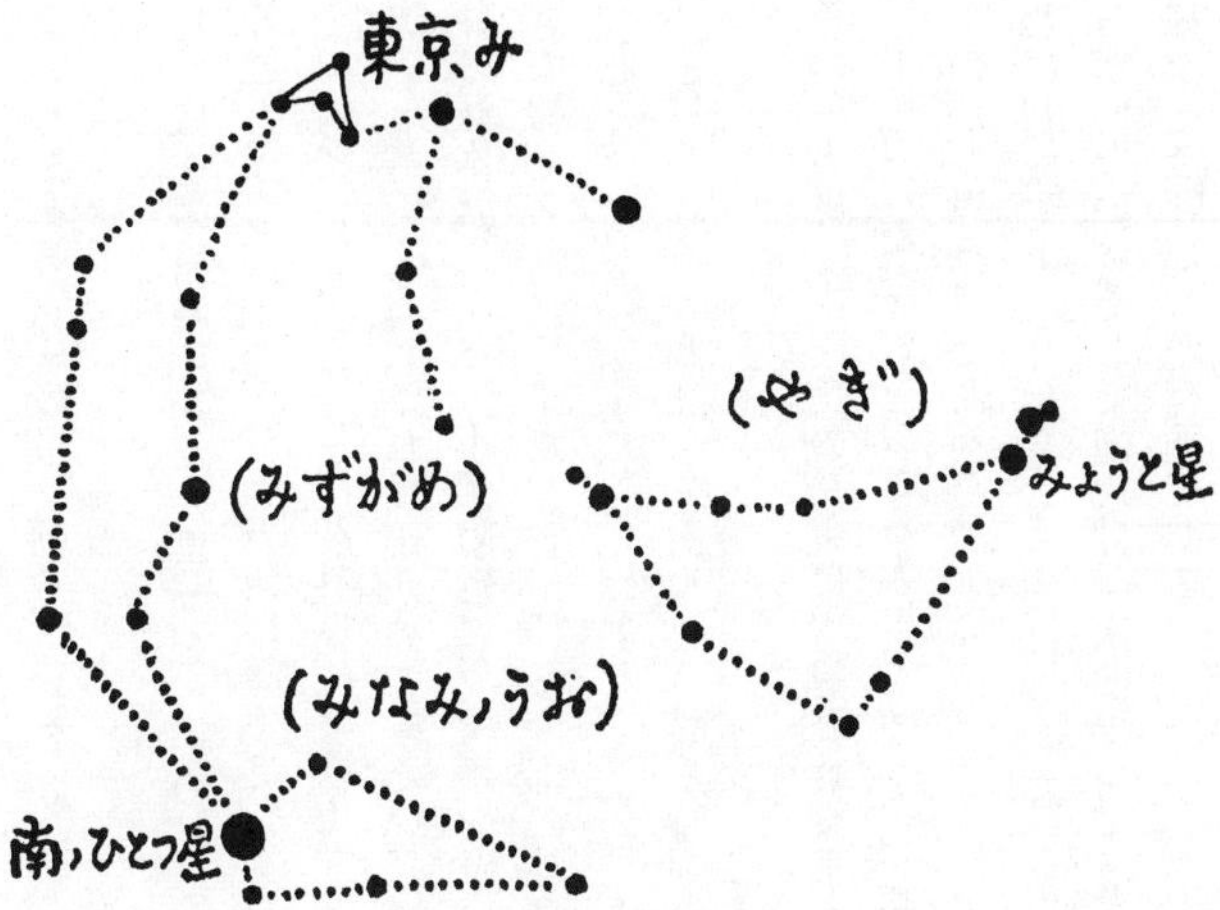

みなみ、ひとつぼし、その他

この星はない時もある。この星は動く、云々

とあった。わたしはその当時「ンマの星」を、子の星に対する「午の星」と解して、「色は赤い」ということから、午（南）の方角に輝くアンタレースと判断した。この星の南中は七月末なので、「秋に出る」にこだわれば、フォーマルハウトかも知れない。色もオレンジだから、赤いともいえる。これは確かめてみたい。

その後、福井の藪本弘氏から、小浜附近にウマボシというのがあり、アンタレース（？）と、疑問符つきで報ぜられた。また、香川仲多度郡の与島にもウマボシがあって、採訪記には、「八、九時ごろ（五月）南方から出るというだけで詳しい説明なし。手島の採集からアンタレースと思われる」と註してあった。昇る時刻からはそう思われる。

ところで、その一方に、内田氏の発表に、静岡駿東郡小泉村に、ヒトツボッサンの名があって、「冬の東南方にただ一つ現れる大星とあって、甚だ簡単だが、フォーマルハウトを指しているものかと思う」とあった。

わたしもこれに賛成である。現れる季節は少し遅いが、「東南方にただ一つ現れる」大星はこの星にちがいない。そして同氏は「南の一つ星さま」という言葉を使っているが、わたしもこの星をそう呼ぶのが宿願である。

ただ、ずっと後に、アルゴ座の主星（和名メラボシ）を、稲村ケ崎の漁夫がミナミノヒトツボシといっていることを知った。これは二月の荒天を警める星で、南の沖に現れてすぐ沈む。その季節にこの名を呼ぶのはよくうなずける〔めらぼし参照〕。

なお、べつに滝山昌夫君は、焼津町の漁夫から、フナボシ（船星）という名を聞き、「秋の南の空に一つ、ぽつんと見える星で、目じるしにしている」と報じてきた。これは、はっきりとフォーマルハウトを指している。ただ北斗七星にフネボシがあって広くいわれているので、定称とするには歩が悪いと思われる。

また、舞鶴に近い間人町では、フォーマルハウトが八畑という土地の方向から出るので、ヤバタボシと呼んでいるという。この地方でいうノトボシ〔ごかくぼし参照〕などをさらにローカルにした星の見かたである。

終りに、みずがめ座の東では、天馬の大方形マスガタボシの下に、さんかく座・おひつじ座があって、小さいけれど目につく。和名のサンカクは、主として大いぬ座の尾の直角三角形をいう〔さんかくぼし参照〕。しかし、多くの中には、さんかく座をいうものもあるらしい。

おひつじ座は、二十八宿の婁《ろう》宿で、兼好の「徒然草」にも引かれているが、婁は丘のことで、ここの三つの星の山形をいったものである。ところで、江戸時代にはこれを「タタラボシ」と訓読している。たぶん、この山形をフイゴの形と見た方言が行われていたためだろう。しかし、少くともわたしは、現在ではこの名の報告をうけていない。

ますがたぼし(桝形星)
よつまぼし(四隅星)　――ペガスス座――

「桝形」は紋帳にある名で、また城門を入った部分の名でもあるので、昔は人口に熟していたらしい。それで四つの星が方形を囲むものに、この名があることも自然であった。これを代表するものは、初秋の東の空に上り、冬の間は天頂に各辺平均十五度の大方形を作る天馬ペガスス座の四星である。新潟中ノ条の農夫は、

中秋の天頂に大きな、まっ四角なマスガタボシがかかる。

といっているし、広島賀茂郡でマスガタボシ、略してマスボシというのもこれらしい。宮崎の延岡地方にも同じ名がある。

もっとも、小林存氏の「越後方言七十五年」には、「マスガタボシ――オリオン附近の斗形」とあるし、奄美大島でいうマスカタブシも三つ星で、サカマスの正方形にあたる。またこれをマスボシとよぶ地方は、群馬・和歌山などにもある〔さかますぼし参照〕。

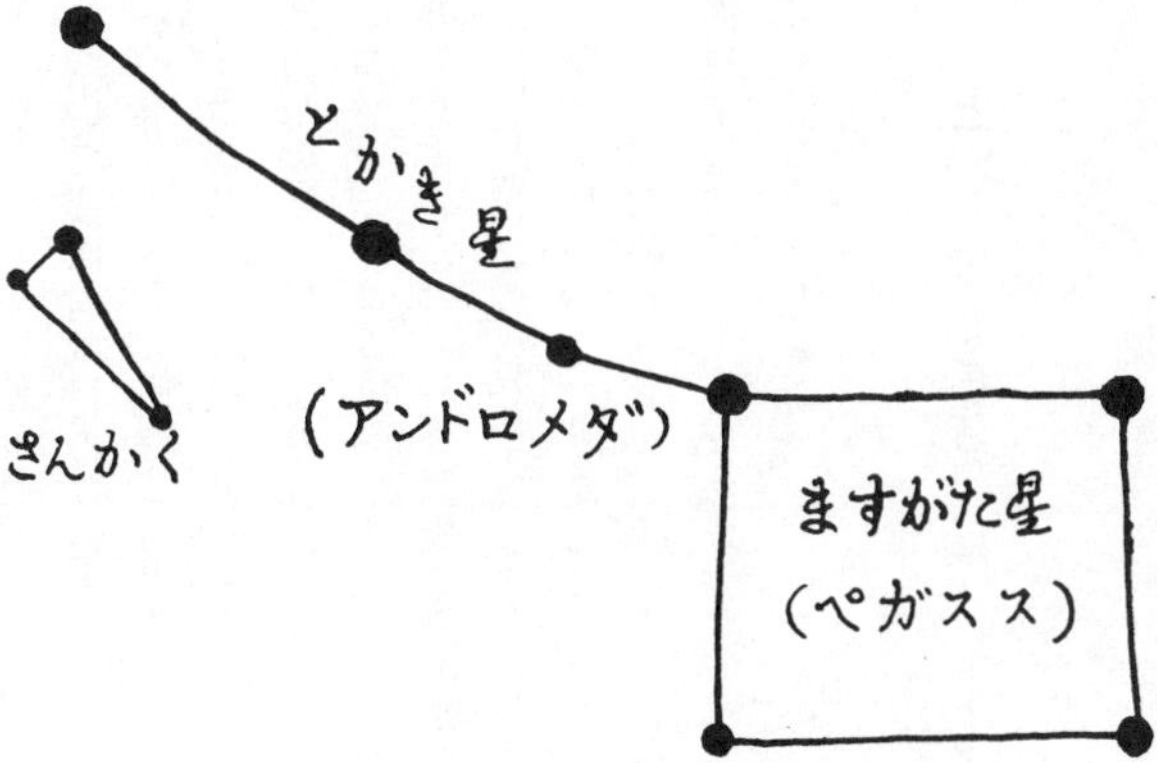

ますがたぼし・とかきぼし

天馬の大方形は、また、

シボシ（四星）　静岡地方

ヨツマボシ（四隅星）　静岡・埼玉

という。シボシは浅居正雄君が、静岡の榛原郡白羽村で採集した星の名の一つで、初めに聞いたのはからす座の四辺形をさすものだった。

しかし、つぎに訪ねた七十五、六歳になる老婆は、

シボシはマスの底のように四角で、大きく、満時《まんどき》（註　南中）になると、黒砂糖をロクロでしぼりはじめる。それは十一月から十二月へかけてで、夜十二時ごろから起きて始める。

と話した。それで天馬の大方形であることが判った。この砂糖しぼりは禁ぜられていたが、戦

争の当時で、星の便りと共にわたしを垂涎させた。

ついで浅居君は村の「おーじさん」から、「シボシは大きく四角で、その間が一ひろぐらい離れている。何時ごろ出るか忘れたが、とにかく大きくて頭の上に来る」と話された。シボシは、その数からからす座のこともいうが、四隅へ大きく張った印象では、天馬の大方形のほうに、より実感がある。

ヨツマボシ（四隅星）を教えてくれた埼玉県入間郡入西《にっさい》村生まれの当時八十九歳だった井上八重さんは、故萩原俊雄君の祖母で、眼鏡なしで針仕事をしながら、ヨツマボシを、「冬の夜南に高く見える。少しイビツで、大きさは八畳ぐらい。これと三つ星とで夜なべの時刻をはかった」と話してくれた。八畳間の広さと見たのはおもしろい。

なお、この大方形に、隣るアンドロメダ座の三星の一文字を柄につけたのを、熊本や新潟村上地方で「大きなサカヤノマス」といって、オリオン座のサカヤノマスに対させている〔さかますぼし参照〕。

とかきぼし（斗掻き星）　——アンドロメダ座——

斗掻きとは、桝に盛った米をならす棒のことである。江戸時代の二十八宿の訳名には、奎宿《けい》を「トカキボシ」と訓じている。

奎宿は大たい今いうアンドロメダ座に通じているが、トカキはその主列の三星の一文字をいったものに相違ない。そしてこの名はこの一文字が天馬ペガススの四星の巨大な桝形につづいているためにできた名と思われる。従って天馬の大方形は江戸時代にもマスガタボシ、マスボシなどの名を持っていたことが推せられる。

ただ、アンドロメダに今もトカキボシの名があるか否かは判明していないが、他には方言がないので、わたしはこれを定称としたい。

トカキボシは、今では愛媛の壬生川町でオリオンの三つ星をいう。越智勇治郎君の報で、その地の漁師が父から、オリオンのサカマスの形に対して、その一辺を斗かきと見たものだと聞いたという。しかし、群馬利根郡の一部ではコミツボシをサカマスに対するトカキとよんでいるという。

また、福岡の本田正実氏によれば、大牟田市外では、三つ星をゴボウといい、「ゴ」は斗かきのことであるという。

終りに、水野保氏によると、越後の三条で「十月ごろ、頭の上にマスボシが出、それにつづいてコメツキボシがある」という。マスボシは前記ペガススの大方形で、コメツキボシはスバルらしいとあったが、「つづいて」にこだわれば、あるいはアンドロメダの一列を杵と見たのではないかと思う。

すべて農村の生活味のにじみ出た名で、同時に日本の味であるといいたい。

いかりぼし（錨星）
やまがたぼし（山形星）
――カシオペヤ座――

カシオペヤ座の和名を見いだすには、わたしはしびれを切らした。五つの輝星が巨大なW字を描きながら、北極星を中間にして北斗七星と相対し、後者が西北へ傾くにつれて東北の空に高まってくる。そして、北斗が地平に横たわる冬の間は北の空高く天の川の面にM字を描いて、ま下の北極星に向い、四つ折りの小屛風を立てた形となる。むろん北斗と比べては、スケールは小さいが、深冬の夜、もしこの星座がなかったなら、北の空は北極星を点ずるのみで、荒涼たるものとなるだろう。

こうして、Wは周極星の中でも印象が極めてあざやかであり、さらに北極星のしるべとして重要な星の群れである。従って、日本の航海者の間でも何とか名のないはずはないと、わたしは十年近くもそれを探していた。その末に昭和七年の秋、香川観音寺町の森安千秋氏から、イカリボシの名を報ぜられた時には、昂奮をおさえきれなかった。

森安氏のこの報告は、初めて老人星（カノープス）を見た喜びを伝えたあとに附記したもので、その夏、近所の釣好きの人と星を見ている間に、ふと耳にしたのだという。――

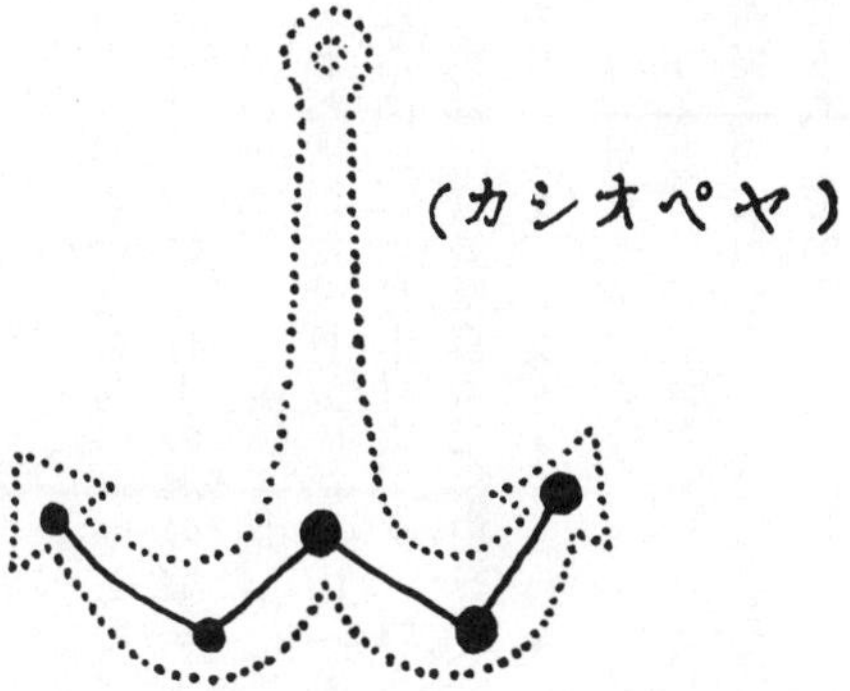

いかりぼし

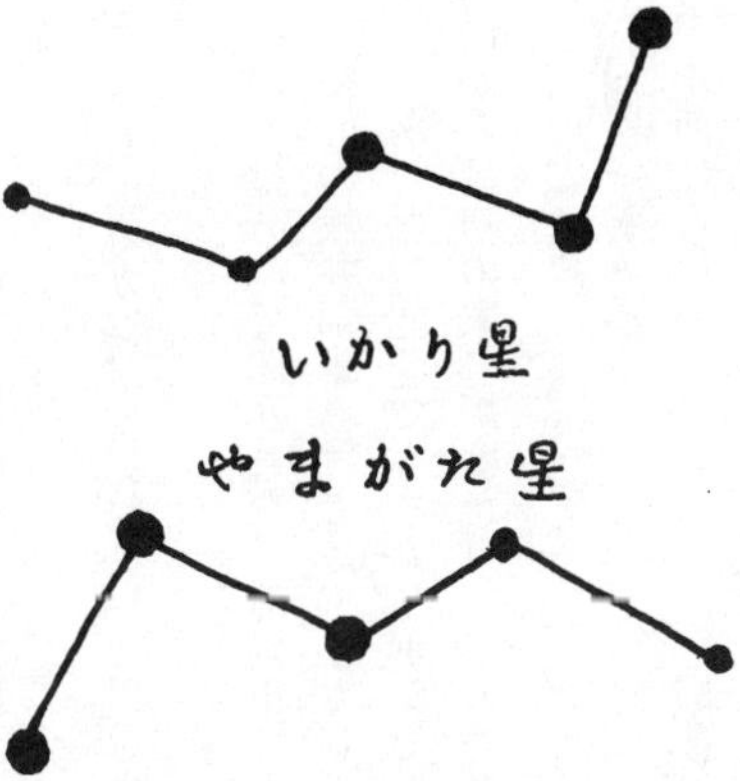

やまがたぼし

夏の夜、沖に出ている漁師たちは、イカリボッサンが高く昇るのを見て、夜のふけたのを知るということを聞きました。そしてこれはカシオペヤのことに間違いありません。天上のWをイカリに見るなんて、いかにも内海の漁師らしいではありませんか。

まったくすばらしい名である。かつ、北斗七星のカジボシ（舵星）と相対することで、錨星はいかにも日本の海の星となる。

それから二、三年する間に、イカリボシの名は方々で聞かれた。静岡市でも焼津町でもいわれていた。丹波の福知山にもあった。福井の坂井郡雄島村では、イカレボシで、送られた図に「六月十日頃、夕、西入れます」とあった。能登でもイカリボシである。わたしの甥は、宮城県宮城郡根白村の、山の出口から最初の家の炉ばたで、二人の老人から、イカリボシを、サンダイショウ（三つ星）、サカマスボシ（オリオン）、ネノホシ（北極星）、ナナツボシ（北斗）、ムツラボシの名と共に聞いてきた。

すると、この名はとうに海をはなれて、山間にも伝わっていたのだ。戦後には岐阜県の西美濃の山地からもその報をうけた。今ではこれはカシオペヤの定称として、小学教科書にも載っている。

さて、わたしがイカリボシの名を発表すると間もなく、越智勇治郎君からWを、

ヤマガタボシ（山形星）　愛媛西条町・壬生川町

といい、シソウノホシ（四三の星＝北斗）が隠れると、この星でネノホシ（北極星）のありかを知るという報告がきた。これで、日本でもWが北極星の指針に役立っていることが初めて判って、ひどく満足だった。イカリボシの名でも、むろんそうであるに違いない。ただ、山形は二つなので、模様でいう、入り山形である。

また、これに次いで、大分中津町の中野繁君から、その地方でWをカドチガイボシというと報らせてきて、二つの角が違っている意味かと思うとあった。

こうしてカシオペヤの和名がたちまちに三つも集まった。つまり、わたしが永い間回していたダイヤルは、いつもこの星の波長を逸していたわけだった。

ごようのほし（五曜の星）

クヨウノホシ（九曜の星）は、昔からスバルの異名になっている（その項参照）。しかし、これをカシオペヤ五星の称とするところが、静岡には焼津町その他にある。内田武志氏は、路傍の老人から、「北極星を中心にして、一方にヒチョウ（七曜＝北斗）があり、反対がわにある五つの星をクヨウという」と聞いた。わたしの母が子供のころ、クヨウノホシと教えられたのも、どうもこれらしかった。

しかし、スバルのように団《かた》まっている星は漫然とクヨウといえるが、カシオペヤの顕著な五星をクヨウというのはどうも合点が行きかねた。

ところで、昭和十八年の夏、故浅居正雄君は、静岡榛原郡白羽村で、「おーじさん」と呼ばれる八十五歳の物識りの老人を訪ねた〔前出〕。その手紙の一節――

おーじさんは、息子と孫を対手に竹でカゴを編んでおり、笑いながらすぐむしろをひろげて席を作り、ぽつぽつ話しはじめました。

シンボシ（北極星）をシンにして、七曜と五曜があり、七曜が西にいる時には五曜は東、七曜が見えない時には五曜が見えると申し、北の方の中空を指して教えてくれました。五曜とはどんな形ですかと尋ねますと、五つの星が「く」の字を二つつないだようだと、土の上に点を打って書きましたので、確かにカシオペヤだと知り、大変うれしく、思わず「おーじさん！」と肩をたたきました。

他にはと尋ねますと、ミツボシ、スバル、オヤニナイ、ホーキンボシ、クヨウと申し、九曜とはどの星か自分も解らぬといい、富山の薬屋のマークにあるのが九曜だと、カンブクロを探し出して来て見せてくれたのには恐縮しました。（附図、大丸を中心に八つの小丸が取りまいている。）

これで、静岡一帯のクヨウも、初めは正しく星の数に応じたゴヨウであったに相違ないことが判った。なお、茨城岩井の山崎洋子氏から、ゴヨセボシ（五寄せ星）と報ぜられたのも、五ヨウをなまったものとも思う。

また、群馬の沼田町ではイツツボシ（五つ星）といい、北極星を指してくれるといっているのも、むろんカシオペヤの動かない名である。

冬の星

ごかくぼし（五角星）――ぎょしゃ座――

初冬の夕ぐれ、スバルが東北から昇る少し前に、そのすぐ北から、ぎょしゃ座の一等星カペㇽラが昇る。やがて、この星を一角とした大五辺形が現れる。

群馬沼田町の一老人は、長谷川信次氏にカシオペヤのWをイツツボシ（五つ星）と教えてから、「その近くにゴカクボシもあって、中に光の強い星がある」といったという。これは確かにぎょしゃ座の大五角にちがいない。中国で昔から五車と呼んでいるのにも通じている。光の強い星というのはカペㇽラのことだろう。

もっとも、岐阜武儀郡ではこの五角形をイツツボシといっているそうで、これも当然あっていい名である。

次ぎに主星カペㇽラは一等星でも第五位なので、独立した和名があるはずと思った。それが初めてまいこんだのは愛媛壬生川の越智君が漁夫から聞いたひどく奇抜な名で、

カンビンボシ　旧六、七月の朝三時ごろ、北東から出る大きな星。スマルと同じ時

刻に出る。これが見えると、沖漁をやめて帰る。すると、カンビン（かん徳利）で
一ぱい飲めるから、この名がある。

という。これは、ふたご座のモチクイボシなどの見かたに通じている〔ふたつぼし参照〕。

その後わかったのでは、カペルラにはその昇る方角の地名でいう地方が多い。例えば、

ノトボシ（能登星）　敦賀・若狭・丹後

サドボシ（佐渡星）　富山下新川郡

ヤザキボシ（矢崎星）　佐渡外海府

ノトボシは、初め敦賀の藪本弘氏から報ぜられた時には、同氏もこの意味が判らなかったが、それをいう地方でこの星が能登半島の方角から昇るからで、内田氏によると、京都竹野郡でも、「ノトボシはスンマリ（スバル）の五分前に昇る」といっている。磯貝勇君は同じ郡や与謝郡その他でこの名を聞いた。

サドボシは、富山湾に面する村々でこの星が、佐渡の方角から昇るからで、「六月上旬の暁に、スバルボシの先（あと？）にアカボシが出るが、それより先に東北方、佐渡の方角からサドボシが昇る」といっているという。

終りのヤザキボシは、「佐渡海府方言集」に、

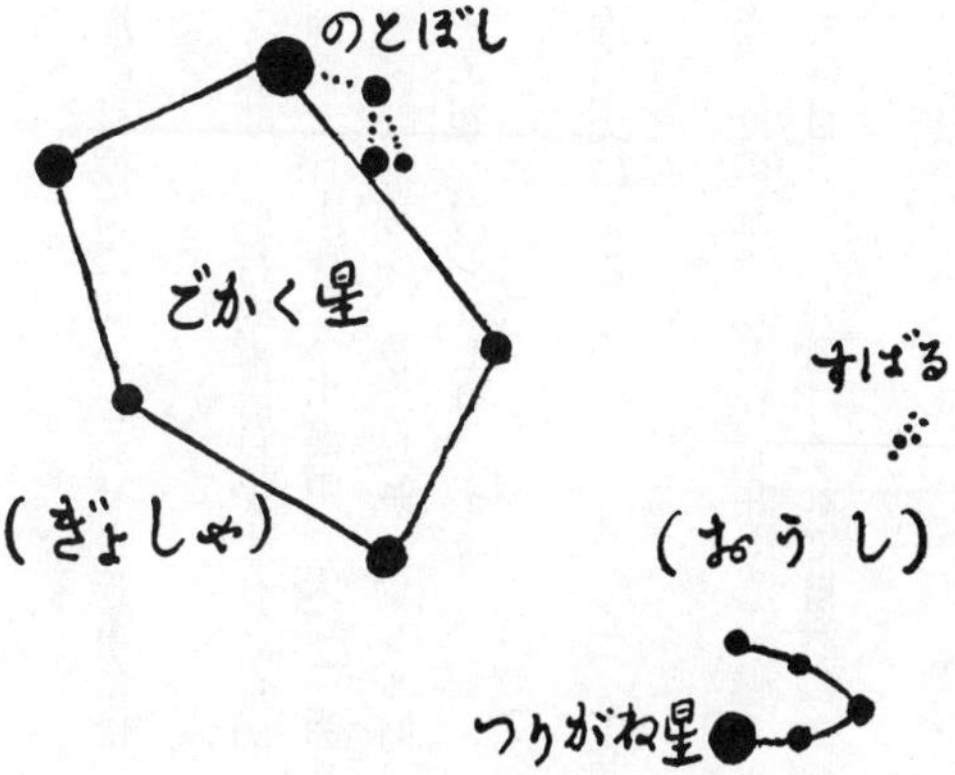

ごかくぼし・のとぼし

ヤザキ（サン）　ヒトツボシともいう。北に現れる。六月頃フキが箸《はし》のたけになるとイカが取れる。その頃現れるのがこの星。

とある。また、外海府村役場に問い合わせた返事には、

ヤザキサン　矢崎ハ隣村内海府村大字鷲崎地内ノ名。本村（外海府）地内ニテ烏賊《いか》漁等ノ為メ沖合（日本海）へ出漁中、矢崎ニ当リテ相当大ナル星ノ昇ルノヲ見ル。俗ニコノ星ヲ矢崎ト称シ、夜中烏賊ノ釣レル時ノ目的トシ、「矢崎ノ出」「スバルノ出」等、漁夫ニ親シマレオレリ、云々

とあった。なお、内田氏によると、「……スバル、ヤザキの出るを待つ」という俚諺があるという。

以上の方言はみな、その地方にしか通用しない憾みがある。しかし、この星の出は、たえずスバルと併せて注目されている。それで自然にスバルを基準とする名もいわれている。例えば、

スマルノエーテボシ（相手星）　壱岐でいう。スマルの少し北にはなれている大星。

スマルの見えない時でも、この相手星からその位置が判断できるので、重く見られた。

キタスマイ（北スマル）　播州妻恋の漁夫の語。スマルの出るころ少し北から上る星。（桑原昭二氏編「はりまの星」）

この他、福井の三方郡地方では、「ノトボシは……秋なら九時半ごろ昇る。この時刻は、アジ、サバ等の釣りのアテになる」といっている。

終りに、これも極めてローカルな名だが、秩父の吉田町では、カパルラをゼニボシ（銭星）といい、これが昇るころ、蚕代の残りが取れる。その光によって、多い、少いを占うと、同地小林君の報にあった。

ふたつぼし（二つ星）
かどぐい（門杭）
——ふたご座——

「二つ星」の名で呼べる一対の星は、広い空には幾つも見つかりそうだが、程よい間隔と、光の対照と、かつヤクボシに用いられるものは案外少い。

これを代表するものは、ふたご座α（カストール）とβ（ポルックス）で、ほとんど甲乙のない光度で約五度を隔てて並び、東北から昇る時は斜めだが、西へ回ると横一文字で、最もよく眼をとらえる。それで、静岡・三重・広島・愛媛・香川・岡山地方で、フタツボシと呼んでいる。

例えば、「瀬戸内海島嶼巡訪日記」の星の呼称に、

フタツボシ　（一）正月には山際に二つ並んで来る。これが入るとオカチンが食べられるという。双子のαβらし。（二）ヤライボシのはたにあるという。（岡山児島郡下津井）、ゾウニボシという。節分に西に入るという。（香川仲多度郡与島）　云々

とある。

右の（二）にヤライボシとあるのは、小ぐま座のβ・γの方言で、これをフタツボシと呼ぶ地方はあちこちにある（やらいぼし参照）。磯貝君が尾道から同船した老人から、カジボシ（舵星＝北斗）と共に教えられたのもこれだった。

フタツボシの代りに二ボシといっている地方もある。内田氏によると、静岡県の一部では、ふたご座を「大きい二ボシ」、小ぐま座のそれを「小さい二ボシ」と呼びわけていて、榛原郡では、「大きい二ボシは三つ星の二時間後に沈む。これの入合いは寒の明けである。それは暁に西空を見て、ちょうどこの星が日の出前に沈む時分が大寒の終りの時季であ

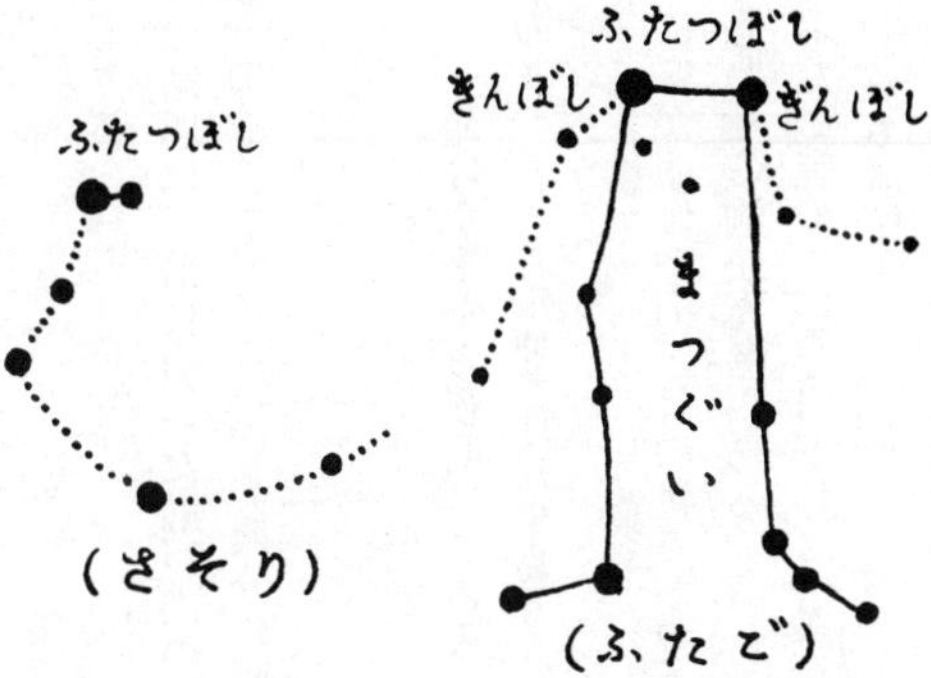

ふたつぼし・まつぐい

る」といっている。

しかし同じ県でも、焼津町の二ボシはさそり座の尾の二星で、これを静岡市ではフタツボシというとある。

ところで、一つの話題は、前に引いた瀬戸内の巡訪日記に、「フタツボシが入るとオカチンが食べられる」「ゾウニボシという。節分に西に入る」とあることで、同じ日記には、別に、

モチクイボシ　節分が来たら夜明けごろ入る星で、この星が入ると餅が食える。明らかに双子の$\alpha \cdot \beta$（香川仲多度郡牛島）。

とある。これは共に寒が明け、旧正月の雑煮が祝えることをいったもので、漁民が星へ向けている親しみを思わせる愉快な名である。

これと同じく、ふたご座の二星を旧正月に結びつけた方言は、静岡地方の、

カドグイ　（賀茂郡稲取）

モンバシラ　（志太郡焼津町）

モンボシ　（榛原郡川崎）

である。

内田氏によると、稲取町ではカドグイを「スバルから二尺ほど離れた処に輝く二つの星で、旧正月の頃に現れて、ちょうどその頃立てる門松のクイに見たてた名」と説明しているという。モンバシラも、モンボシも同じ見かたに違いない。

わたしの甥が、宮城亘理郡荒浜の老漁夫から聞いたマツグイ（松杭）という星も、

> 漁船が沖から帰る時に目当てとする星で、上天から少し北へ下った辺を沖から山の方へ動く。そして戌の方角に収まって二つ負けずにぴかぴか光る大きな星。

という話で、やはり寒明け頃の未明であろうか。

わたしは、こういうクイとか柱とかの名は、単にα・βのフタツボシばかりをいうのでなく、これを頭にして、ふたご座の星々が二列に直立している印象を表わしたものに相違ないと思っている。

なお、「佐渡海府方言集」に、

> ザマタ　北方の空に⁚形に出る。

とあるものは、ふたご座を思わせる。内田氏が、同じ佐渡の両津と河崎町で「スバルの近くにある二列に並んだ七八箇の星」をザマタというと聞いて、ヒヤデス星団だろうと書いているのも、「二列の星」は••につづいているもので、やはり前記カドグイにあたるものではないかと思われる。

ところで、「ザマタ」の語意は久しく不明だったが、近年石橋正船長が越後の漁夫から、「ザマタはイカ釣りに使う二股の漁具」と聞いて、Y字形の木片の図を書いてきた。すると、これは間違いなくヒヤデス星団の形だが、困ったことに、その漁夫はスバルの異名だと話したという。いずれ判明することだろう。

終りに、江戸の俳句の「二つ星」は七夕の女夫星をいった。例えば、

五百機の窓のわらじや二つ星　　沾徳
今宵なくば石ともならん二つ星　　闌更

がにのめ（蟹の眼）

初めてこの奇抜な星の和名を知らせてきたのは、愛媛壬生川の越智勇治郎君で、

漁師の人から聞いた名ですが、ふたご座のαとβをガニノメと申します。ガニは蟹の方言です。その人は三月頃、ながせ網（主にサワラやタイ、ハギを取る網）をしに行くのに、戸を開けて見て、ガニノメが隣りの屋根の上に傾いた時に起きて出ていたと申しました、云々

と書いてあった。

なるほど、空に二つならんでいる星を何かの眼と見ることは自然なことで、わたしは英語で双子のα・βを"Giant's Eyes"（巨人の眼）といっていることは知っていたが、これはいかにも日本の漁村のものであるのに感心した。びくの暗い底をごそごそはいまわる大蟹のとび出た眼であろうか。ガニという土音も初めて知った。その後、

ガニノメ、カニノメ（静岡・三重・高知・姫路・香川等）

カニマナク（茨城新治郡）　カニマナコ（熊本地方）

を知った。「佐渡海府方言集」にも「ガニノメ　秋の頃、夕方から北東に出る星で二つ並んでいる」とあった。そしていつもながら、こんな特殊の名が全国的に分布しているのを奇異に思った。ただし、静岡地方でいうこの名は、フタツボシの場合と同じく、多くは、さそり座の尾のλ・υで、時には小ぐま座のβ・γをもいうとあった。

さらに奇抜なのは、内田氏が旧「旅と伝説」から引用している壱岐の方言で、

西空に二つ水平に二つ並んで現れる大きい星をカレイの眼と見て、カレーンホシとか、カレーンメという。この星は春先午前二、三時頃には水平線下に没する。それを合図にタコの縄《お》を延《は》えた。

とあった。これも、ふたごの二星で、ガニ以上に生なましい見かたなのに驚かされた。

ところで、「瀬戸内海島嶼巡訪日記」には、

カドヤボシ　香川与島・岡山真鍋島

という星があって、与島ではこれは北斗七星をいうが、真鍋島では、単にカドヤといい、

今ごろ（五月半ば）夜明けに南中するという。オーコボシともいう。オーコ（天秤棒）の間隔ぐらいに二つ出る。

と註してあった。二つの星を結んでオウコと見るのは、ふたご座のそれらしいが、南中の時刻からは、さそり座が思われる。しかし、カドヤの意味は判らなかった。

ところが、桑原昭二氏の「はりまの星」を見ると、高砂・室津辺でいうカドヤノホシ

（一にカニノメ）は、ふたごの二星らしい。同時に、高砂でカタエサン、カタヤサンといい、東二見ではカザヤといって、この「カタエ」は、尾にとげのあるエイで、二つ星がその眼に似ているとある。つまりカニノメと同じ見かただった。すると、カタエ（イ）が転じてカドヤと変ったのだろうか。

次ぎに、二つ星を獣の二つの眼と見た方言がある。

ネコノメ（猫の眼）　静岡磐田郡・愛媛喜多郡

静岡の名は内田氏の註に、「間隔は一尺位、スモウトリボシの上方一間ほどのところにある。光輝は相当に強く、並んで光るさまからネコの眼を想像したもの」とあった。愛媛では、ネコノメが天の川の中に輝いて米をつくという。これらは、さそりの尾の二星をいうものらしい。

また、磯貝君は、広島安佐郡にイヌノメ（犬の眼）という方言があり、同じくらいの大きな星が二つならんでいるものをいうと報じてきた。ふたご座のものらしい。「瀬戸内海島嶼巡訪日記」には、ガニノメの他に、リョウガン（香川仲島）、リョウガンボシ（愛媛青島）があって、両眼の意味。ふたご座、さそり座どちらにもいうらしい。

また、メガネボシ（南伊予・姫路地方）があり、姫路では、メダマボシともいうと、「はりまの星」に出ている。

もう一つ、呉の吉浦にはニラミボシ、トシトリボシがあって、畝川哲郎君は漁夫から、

「わしら、ニラミボシを見て、年を一つ取るけん、これのことを年取り星ちゅうじゃが、正月にようわかる」

と聞いたという。星に睨まれるのはおもしろい。これも旧正月ごろのふたご二星のことで、瀬戸内でいうゾウニボシなどの名に通じた見かたである〔ふたつぼし参照〕。終りに、椋平広吉氏によると、天ノ橋立地方では同じ二星をフタツボシ、フウフボシ（夫婦星）の他に、越前の方面から上るのでエチゼンボシという。また、ナゲボシ（投げ星）と呼ぶ村もあって、

月のないのに二つ星キラキラ、あすはあなたに雨投げる

という俗謡もあるという。すると、天気占に用いられているらしい。

すばる・すまる（昴）――おうし座・プレヤーデス星団――

この名ですぐ思い出されるのは、清少納言が随筆集「枕草子」に、

星は すばる、ひこぼし、明星、夕つつ、よばひぼしをだになからましかば、まして。

と書いていることである。

しかし、文献としては、その六、七十年前、醍醐の延長年間、源順《みなもとのしたごう》が編んだ「倭名類聚抄」の天部第一、景宿類第一の「星」に、明星《アカホシ》・長庚《ユフツツ》・牽牛《ヒコボシ》・織女《タナバタツメ》・流星《ヨバヒボシ》・彗星《ハハキボシ》についで、

昴星《スバル》　宿耀経云昴星《バウセイ》八六星ノ火神也　音与卯同ジ　和名須八流

で終っているのが最も古い。清少納言の星の名もこの辞書から出ていることは一見して明らかである。

ところで、スバルの語意は中世から忘れられてしまったらしく、今日では外来名と信じている人も珍しくない。しかし、学者はこれを「古事記」「日本書紀」にしばしば見る八《ヤ》尺瓊《サカニ》五百箇《イホツ》御統《ミスマル》、または美須麻流《ミスマル》之《ノ》珠《タマ》から出たものと解している。「倭名抄」より約三十年前の延喜六年、日本紀竟宴歌には、

天《アメ》ノ穂日《ホビ》は神の御祖《ミオヤ》は、八《ヤ》尺瓊《サカニ》の五百津《イホツ》儒波屡《スバル》の玉とこそ聞け

と、スマルはすでにスバルに転じている。

そして、一条兼良《かねら》は「日本紀纂疏」に、御統《ミスマル》を「糸を以て貫き穿ち、之れを総べ括《くく》る也」と解釈している。（原漢文）

降って江戸の狩谷棭斎は「箋註倭名類聚抄」の中に、

按ずるに須波流《スバル》は、須万流《スマル》、須夫流《スブル》、志婆流《シバル》、志万流《シマル》と同語なり。是れ七つの星相聚りて、物の統べ括られたる状の如し。故に須波流と名づくる也。今俗に六《ム》連星《ツラボシ》と呼ぶ。
（原漢文）

と註している。これが今では定説となって、「大言海」などにも、統星《スバルボシ》の字を当てている。

さて、スマルは「倭名抄」以来、書名には主として「スバル」となっている。室町時代の辞書「運歩色葉集」には、「昴星　スバルボシ」とあるし、降って安永四年の「物類称呼」には、

昴　ぼう　すばる星と云、二十八宿の内也　東国にて九ようの星と云、江戸にてはむつら星と云ふ

とある。

しかし、新村博士が「近世及び現代に於て四国、九州や瀬戸内海沿地方では専らすまるの名を用ひてゐる」と書かれた通り、わたしの知るかぎりでも、高知・香川・福岡・隠岐ノ島・島根・鳥取・広島・岡山・愛媛・兵庫等では、主としてスマルで、畿内からその東ではスバルが普通である。そして関東に入ると、前掲「物類称呼」にあるように、ムツラボシが多くなる。

けれど、スマル・スバル共に、とうに語意を失って、それを訛ったり、意味をこじつけたりした方言が、昔から諸地方に生まれている。

例えば、大田南畝が随筆集「一話一言」の中に引いている雨鳧編「反古《ほご》さらへ」という本に、後嵯峨院、源頼義、従二位家隆の連俳に次いで、

馬の背にいかなる淵のあるやらん　前大納言為家
　ひろき空にもすばる星かな
ふかき海にかがまる海老のあるからに　西行法師
　手にとるばかり手こしをぞ見る
峰たかきあしがら越える足もとに　頓阿法師

云々とある。広い空でもすくばる星がある。深い海でも海老は腰をまげているのだからと、戯れたものらしい。そして、この連歌を俚諺化したと思われるものがあちこちに残っている。例えば、

天は広いけどすばるはごちゃごちゃ、海は広いけど海老の腰は伸《の》らぬ（山口）
天はせまいがすばる星ゃなろうだ、海は広いが海老や屈《かが》うだ（高知）

こうして、スバルを「すくばる」「ちぢむ」「しまる」の意味に解するのが普通になっていた。俳句でも、

七夕はよもさはあらじすばり星　山崎宗鑑

は、この意味の悪じゃれらしい。また、紀海音の「心中ふたつ腹帯」の「道行星の数」に「わが身のはてはすばる星」とあるのも、進退きわまった意味である。

次ぎに、スバル、スマルを訛った方言を諸家の採集をも併せて、挙げてみると、

スバリ（静岡・熱海・八丈島・硫黄島・奈良・福井）　スバイ、スワイドン（鹿児島・天草）　スマリ（山口・隠岐）　スンマリ、スンバリ（京都竹野郡・福井・山口）
シバル（富山）　シバリボシ（石川）　シマル（兵庫）　シマリ、シンマリ（山口）
ツバル（伊東）　ツバリ、ツンバリ（福井）　ヒバリ（青森下北郡）など。

甚しいのはスイバラボシ（新潟阿賀郡）があり、ツクモリボシ（兵庫美方郡）では明らかに、すくまる星と見ている。さらに多いのは、寒空に坐っている意味で、

スワリボシ、オスワリサン（静岡・愛知・岐阜・三重・奈良・佐渡）
スワルボシ（静岡・愛知）　スワリジゾウ（呉市吉浦）

などがある。終りの名は、スバルを地蔵尊が空にすわっていると見るもので、三重地方で六ジゾウというのも同じ見方であろう。

さて、スバルがかくも全国的に親しまれているのは、この顕著な星団が昔から農耕漁撈の季節を知る目じるしとなっていたためで、わたしは、上代に玉飾りに擬せられたのも、単なる美称ではなくて、当時すでに農作を導く星団であったためかと思っている。これは、

古代の中国、ギリシャ、メソポタミア、また現在でも南方の未開民族が、主としてスバルを自然暦に用いている事実からも察せられる。

まず、スバルの方位と高度から時刻を判断した例を俚謡から引く。

忍ぶ殿さま夜何時ぞ、スマル九つ夜は七つ（愛媛壬生川）

越智君の註では、この「九つ」は星の数ではなく、太陽が九つ時（正午）に南中する位置で、スマルがそこに達すると（南中）、夜は七つ時（午前四時ごろ）の意味である。

スバイ九つ酒桝ゃ七つ、合せ十六、主《ぬし》が年（鹿児島枕崎）

スバル九つ横関さんな七つ、合せ十六どま、さまじょ（愛人）の年（長崎）

では、「夜は七つ」の代りに、サカマス・横関（オリオン）の七つの星を数えている。また、

ろくろ食《く》てくれスワリボシは八つや、夜さり十八の殿が待つ（大和丹波市）

が岸田氏の「大和にのこる星」にあった。臼すり唄で、「ろくろ」は綿繰り機である。

さらに、九つ時を満時《まんどき》（＝午時《うまどき》）として、

　スバルまんどき夜は七つ　（静岡賀茂郡）

というのもある。しかし、満時では、そば蒔きについて、

　スバルまんどき粉八合

という俚諺が、今も諸地方に残っている。

　これは二百十日のころ、スバルが南中したのを見て、秋そばを蒔くと、一升の生まそばから八合も粉が取れるほどよく実るという意味で、たぶん藩政時代にひろめた農事訓であると思う。内田氏によると、静岡榛原郡地方では、以前農家の女たちは、そばをひきながら、これを歌ったという。

　これにつき、岡山六条院町の守屋重美氏から報ぜられた奇抜な俚諺がある。――

　スマル午時《うまどき》にそば植えて、三にぎり三把でそば一升、粉にして八合、しんこにして六十三半、七人家内で九つずつ、残り半分、ばばの味きき団子

これに、「じじの背焼き、ばばののど焼き」とつけることもあるという。そして、山口麻太郎氏によると、壱岐島にも、

スバル天井夜八合、そば一升に粉八合、団子につくって四十八、六人家内に八つずつ

という俚諺があるので、出所は初め一つであったことと思われる。

それから守屋氏の報には別に、

スマル、マンロク粉八合、頭巾落しの粉一升

という俚諺があった。後半は、スマルがマンロク（満時）の位置を西へ過ぎ、頭巾がすべり落ちるほどの高さの時に蒔くと、一升でそば粉も一升取れる意味であるという。

これは、ボルネオのダイヤ族が、太陰暦の九月、ビンタン・プルプル（スバル）が頭の真上に来て、仰向くと縁無し帽（タンクルー）が脱げて落ちる（ラブー）。その時にもみを蒔くので「ラブー・タンクルーの高さ」と呼んでいるのに、偶然ながら一致する。

スバルはまた麦蒔きの目じるしとなる。これは十月の下旬から十一月、スバルが夜明け

に山の端に残っているころで、栗山一夫氏によると、播州では「スマルの入りまき」といっている。内田氏は、

スバルの山入り麦蒔きのしゅん（静岡・福島地方）
スバルの山入り麦蒔きじまい（神奈川三浦半島）

など、各地の俚諺を挙げている。

同じころ、スバルが暮れがたに東に現れるのを稲の刈り時とする地方もあちこちにある。例えば、宮本常一氏の「海の生活誌」には、周防大島では、「シンマリさんが宵の口に出るようになったら、ぼつぼつ稲刈りをしなければならない」というとある。

静岡地方の例は、やはり内田氏が丹念に集めておられるが、土地によって「スバルが二丈ぐらいの高さに達した時」とか、「胸の高さほどに昇った時」などと、目分量できめていたという。

以上は農耕とスバルの関係だが、海上生活におけるスバルの位置は、さらに重要である。まず天気占である。文献では、「四三ノホシ」にも引いた伊予の水軍、野島家伝「一葦要訣」の「日和見様の事」に、

星すまると云星を見る也。月の出入に日和易らねども、すまるの入に替るは日和損ずる也。殊に秋冬は、すまるの入を専に見る事也。余の星は日和見る事無之。四三星、一つの星などと用るは船中にて方角をしらん為也。

とあるのが最も古い。伊予の水軍は初め平安朝の海賊で、源平時代には首領河野道信が源氏方の水軍として八島と壇浦で大功を立てたことは有名である。右の文書はその一族が伊予灘・周防灘・日向灘などを横行した多年の経験を子孫に伝えたものである。ところが、徳川四代家綱の承応三年に、平戸の藩士藤田猪右衛門尉信久が主君のために、阿蘭船の船長流山なる者から伝習された船軍法を書いて、「尊船《たふとぶね》」と題した。これは、前記の瀬戸内海の海賊流とは異なる新流派を開いたと称するもので、その中に「スマルの事」として、

月之アル節者、月ニテ塩合ヲ知ルベキナレドモ、ヤミノ夜ニハイカテ時ヲ可知ヤ、此時ニハ此星ノ出入ヲ考へ塩時ヲサツスベシ、委ク口伝ニ出シアリ

と前置きしてから、

ハッスル所七時、入テ七時、此出入ヲ知テ、ヤミ夜タリトモ時ヲ知リ、時ヲ知ル時ハ汐之満干知レ安シ、去ニヨツテヤミ夜ノ節ハ此星ヲ目印トス、此星二十八宿之内之昴宿ナリ、スマルト云ハ俗セツナリ。星之数七ツ、形ワ塩星ノ巻ニ委シ、此星前夜ニ見テ明日之運気ヲ察スベシ、此星之内大星明ラカナル時ハ世上ニ吉事多シ、此星クラケレバ凶也云々

として、あとは星占いを述べ、「陣中ニテハ別テ此星ノ見分ケ大事也、夜々ニ心付ベシ」と結んでいる。「星の数七つ」はしばしばいわれる。大星は三等星のアルキオネーである。

次ぎに、「俚言集覧」には、風の名が出ていて、

中国の船人……十月の風をホシノイリゴチといふ。この星はスバルをいふ。九月の節より正月の節中はスバル星の出入にヒヨリ変り易し。水戸にては下総ゴチといふ。

とあり、「ホシ」といえばスバルのことであったことが判る。同じく「物類称呼」に、

伊勢国鳥羽或は伊豆国の船詞に……十月中旬に吹く北東の風を星の出入りといふ。夜

　明けにすはるの星西に入時吹也。

とあるのも、前掲ホシノイリゴチに当る。

　内田氏によると、静岡市・田方郡・榛原郡では、「スバルが西山に沈むころは海が凪《な》いで最も静かになる。これを入りあい凪《なぎ》という」。これも旧十月ごろに当る。

　そうかと思うと、草下英明君が千葉の西岬郡塩見村で聞いたのでは、二月ごろスバルと三つ星が沈む時を「星の入り」といい、それに伴う暴風雨を「星の入りジケ」と呼んでいる。沖にはメラボシが低く現れるころである〔めらぼし参照〕。

　また、山地では、丹波篠山町の町見幸雄氏は、祖父の時代には、「スマルさん入って霜降る。カラツキさん入って雪降る」といい、スマルが夜明けに西に入るころのことをいったものと書いてきた。

　次ぎに、桜田勝徳氏の「土佐漁村民俗雑記」には、室戸崎附近で一代前まで行なった旧元朝の鯨船乗初め式の問答に、

　　今日は天気も良し、月すまろうのすわりも良し、向うに見えるのは宝の島、云々

という詞があり、また、宮本常一氏の「海の生活誌」には、香川の北小島で、正月二日に

行なった石積船の乗初め式に、

夜前より空をながむれば、月の出入り星のすわりもよろしく、日の丸扇にて諸方をながむれば、云々

といったとある。

この「星のすわり」は前記「すまろうのすわり」と同意味であるに違いない。そして、いずれもスマルが海上の天気占にたいせつな星であった証拠で、伊予の水軍の日和見を思い出させる。

スバルの昇る季節は、魚のシュンとして注目された。特にイカ釣りに重要であった。例えば、倉田一郎氏の「佐渡海府方言集」には、

スワリサン　内海府では、これが山の端にかかる頃が烏賊《いか》のナヅキと知られている。海づらに浮游して来る時刻。

とある。

東北地方では、スバルをモクサ、オクサなどといっているが、岩手気仙郡鹿折の梅原盛氏の報では、

イカは、フタメ（薄暮から夜に移る時）、月の出、月の入り、ヤクボシ（役星）の出には必ず釣れる。ヤクボシは、モクサ、モクサノアトボシ、ムヅラ、サンカクである。

とあった〔みつぼし参照〕。

この他、秋から冬の沖漁にはスバルはつきものである。山口麻太郎氏の「壱岐島民俗誌」には、「スバルが出初めるとイッサキ（いさき）が瀬から下りて浜で釣れる。味はこの時が落ちると云われている」とある。

同じく壱岐島では、「十月の中ン十日はスバルが夜入りする」といい、夜明けに西に入ることだが、このころがナマコのシュンである。

静岡賀茂郡では、スバルが夜明け前西に見えるころがサンマの獲れる季節で、見えなくなると、サンマはもう少くなったろうと漁家では話し合うと、内田氏は書いている。

また、牛尾三千夫氏によると、出雲の日ノ御崎の宇竜《うりゅう》では大縄と称するワニ（サメ）漁の古法を伝えているが、スバルボシが中天に輝くころを「十月の星入りワニ」といい、ワニの群れが沖合の海底に来はじめる。それで漁の開始をスバルの位置を見て行なってきた

という。同じく、桜田勝徳氏によると、越後の阿賀川の松崎では、ワニは延縄《はえなわ》の魚を食いにやって来るが、このワニはスイバラボシ（スバル）について回るといわれているという。

ここで、スバル、スマルに関連して書いておくことがある。新村博士はかつて「スバル星の記」で、前記「尊船《たふとぶね》」という古書に、スマルまたは手スマルという船上の用具が出ていて、それは海底や海中の物をはさみ上げる道具らしいことを記され、また「和漢三才図会」の兵器の条には、「竜吒」の文字に「須波流《スバル》」の万葉仮名を附してあるが、それは井戸の中に落ちた物を拾い上げる、イカリのような形の道具で、前記の海上用語から転じたものであるし、星にも縁故があるらしいと書いておられた。

これについて、当時愛媛にいた越智君は、スマルという漁具は、昔から来島海峡でタコを釣り上げるのに用い、壬生川地方ではその大形のものを蟹釣りに用いていると報じてスケッチを送ってくれた。また、岡山の守屋重美氏も、井戸に釣瓶が落ちた時に引っかけて上げる物の名と報じてきた。そして後には内田氏から、静岡地方のスマルの写真を送られ、また熊本地方で鮎の友釣りに用いる針で三本カギのついたものをスバルということも報ぜられた。

現に瀬戸内海地方では、星のスマルはこの漁具の形から名づけられたと信じている漁夫があるという。これによると、竜吒（文字通りなら、竜の舌打ち）という漁具が初め大陸から伝わり、その形をスマルに見出したことになるのだろう。けれどわたしは、この場合も星のスマルの形が先で、それが漁具の名を生んだものと見るのに傾いている。

終りに、スバルに関する俚謡を少し引用しておく。

月は東にすばるは西に、いとし殿御はまん中に（丹後）

月は山端にすばるは西に、思ふお前はまだ江戸に（加賀）

月は山端にすばるは西に、思ふしょ様を膝元に（日向）

初めのものは「松の葉」に茶摘唄とある。他も古くからの盆踊り唄で、今もその地方やあちこちに類似のものが残っている。例えば、

お月ア山端にすばる星ア西に、思ふ殿御はその中に（島根）
月は山端にスバリは西に、思ふ殿御はまだ江戸に（八丈島）
お月やまだにすまる星は西に、かわいお殿はまん中に（大三島）

この他、三つ星、四三ボシ（北斗七星）と共にも歌われているが、内田氏の報にあった、

ツバルまんどき棹とる船は、さぞや寒かろつめたかろ（伊東）

は、スバルの俚謡の最も情緒に満ちたものであろう。

これより以下、スバルの方言を、多くいわれるものから順に掲げて行く。

むつらぼし（六連星）

スバルは肉眼では六つ集まって見える。それでムツラボシとも言われるが、「物類称呼」に、「江戸にてはむつら星と云ふ」とあるように、近世の名称らしい。そして、現在でも静岡・長野から東北へかけて聞かれる。わたしの母は江戸時代に育ったが、ムツラの名は知っていても、スバルは知らなかった。長野の牟礼《むれ》生まれの婢もそうだった。

ムツラボシの名もいろいろに転訛している。例えば、

ムヅラ、オムツラサマ（茨城・千葉）　ムツラゴサマ（群馬）

ムツガミサマ、ムツナリサマ、ムツリガイ（静岡地方）　モツラサマ（都下葛西・新潟）

など。

内田氏によると、茨城新治地方では、毎月六日に直径一寸ほどの団子を六つ、箕に入れてオムヅラサマに捧げ、子供の虫封じをしたという。

宮下嶺生氏の報では、群馬北甘楽郡では、ムツラゴサマが見えれば菜大根を播いていたという。

また、かつて伊豆新島出身の某教官は、島の老婆から「……でウロコの星よ、ムツナミスバルは西の星」と、念仏みたいな調子の祝儀歌を聞いたと話してくれた。

越後銀山平の熊取りの男は、磯貝勇君に、サカマスの名と共にモッラサマを挙げて、腰の扇を三十度ほどに開き、これほど離れていると話した。まさしく角度で、そのくらいに当る。

ムツラもモッラと変っては、それを語っている人たちも、これが六つの数から出た名であると気づかない場合もあるわけで、その例として、江戸川区葛西の吉野信義氏は、これを土地の故老から、「オボヅラサマで、ヒョットコの顔に似ている」と聞いた。オモツラの転訛だが、毒気を抜かれた。これと好一対は津軽海峡の附近では、ムジナボシと呼んでいることで、ムヅラが東北音でムジナに化けたものに違いない。近藤清氏の報である。

長野の更科辺では、ミツボシをミツレンサマというに対し、ムツラはモツレンサマである。かつて宇都宮貞子夫人は、当時六十九歳であった大叔父の言葉として、こう書いてきた。

「ミツレンサマも、モツレンサマも、いつだって夜は出ておいでやる。日暮れに出て、明けがた西へはいりなさる。あのおひとたちはお出やらぬということはない。昔の人もそれで時刻を読んだ。ミツレンサマは大きな星が三つ、棒のように並んでいなさる。モツレンサマは小さい星がごちゃごちゃかたまっていなさる」

農民がこういう星々に対して抱いている親しみと敬愛とがうかがえて、ほのぼのとした心地にならされる。

なお注意すべきことは、ムツラがしばしばオリオンの三つ星と小三つ星の総称であることで、これはコミツボシの項にゆずる。

次ぎに、ムツラボシの数から出た方言には、

ロクチョンボシ（千葉遠山村）　ムツボシ、ムツレンジュ（群馬利根郡）

ロクヨウセイ（埼玉入間郡）　ロクタイボシ（新潟地方）　ロクジゾウ（三重地方）

などがある。

ムツレンジュ（六つ連珠）は囲碁から来たもの。ロクヨウセイ（六曜星）は北斗の七曜

に対するもの。ロクタイボシ（六体星）は小林存氏の「越後方言集」にあって、オリオンのサンタイボシ（三体星）に対するもの。これをさらに具体化したのが、ロクジゾウ（六地蔵）である。岐阜の香田まゆみ君の手紙にあった。

次ぎに、スバルを七つと見た名で、

ナナツボシ（七つ星）　青森・静岡・広島・大分・福岡・鹿児島

の分布もこのように広い。静岡にはナナヨボシ（七曜星）もあるという。

これは主として北斗七星の方言だが、中国でも昔から昴宿《ぼうしゅく》七星であり、日本の書物にもしばしば見える。北斗から来たか、漫然と名づけたというに留まるだろう。

広島地方のナナツボシは、浜田正夫氏が神石郡の友人から、そこの山村では秋の深更まで籾をすり、土間の窓からナナツボシを見て、大体の時を測ったと聞き、スバルを指して、あの星だと教えられたという。

大分中津市附近のナナツボシは、初め俳人飯田岳楼氏から、後には中野繁君から報ぜられた。これについて興味のあるのは、岳楼氏が書き添えてきた、

七つ星さまは六つこそござれ、一つは深見の竜泉寺

という俚謡で、幼いころ物識りの祖母君から聞いた。

同氏はその後古記を調べて、昔、釈浄蔵という僧が豊前深見郷に寺を建立して、天に祈ったところが、七つの星と一口《ひとふり》の剣とが降ってきた。それで剣星寺と名づけ、その古趾が今の竜泉寺にあたることを知った。俚謡では、七つ星の一つだけが、降って竜泉寺に留まったことになる。

わたしは初め七つ星を七星剣から考えて、北斗七星のことと思ったが、その一つが流れたのでは北斗でなくて、やはり、土地でいうスバルであろう。後に、福岡の八幡市でもスバルをナナツボシといい、「もと七つあったのを、和尚が睨み落した」と伝えていると報ぜられた。

これで当然連想されるのは、ギリシャでプレヤーデスの七姉妹（スバル）の一人が彗星となって行方を失ったという有名な神話である。学者はこれをいろいろに解釈して、天文上の理由をも与えているが、竜泉寺の伝説はそれほど根拠のあるものではなく、初め漫然と七つと信じていたものが、事実は六つだったことから生まれたものかも知れない。

終りにナナツボシを擬人化したのでは、静岡周智郡のシチフクジン（七福神）や、島根邑智郡のヒチヘンゲボシ（七変化星）がある。後者は、これが西山に入ると雪が来るという。気流により瞬きが変ることをいうものだろうか。

いっしょうぼし（一升星）

諏訪でスバルのことをイッショウボシ（一升星）と呼んでいると報ぜられたのは、大正の末年で、同地の矢崎才治君に、信州に「スバルまん時粉八合」という俚諺が今でも伝わっているかと問い合わせた返事の中にあった。星の和名を集めはじめた初期のことで、同時に、ツリガネボシ（ヒヤデス星団）の名をも入手したので、私の喜びは大きかった。

その後、南佐久地方や、山梨でも北巨摩山地でこの名をいうことを聞いたし、内田武志氏からは伊豆の各地でいっていることを報ぜられた。

ただ、一升星の名が、前の俚諺の「八合」と関係があるかどうかに多少疑問を残していたが、ずっと後に、某氏が愛知の北設楽地方でこの名を聞き、星が一升桝にかかるほど集まっていると説明されたという報告ではっきりした。

なお、諏訪の湖東村にゴンゴボシ（五合星）というのがあり、一升星の半分しか星が集まっていないものと、小松崎恭三郎・五十嵐昭夫二氏から報ぜられた。何の星団か判明しない。

このようにスバルの団《かた》まっている印象を表わした方言はいろいろある。美しいのは、広島県高田郡と静岡県志太郡でいうスズナリボシ（鈴生り星）である。静岡地方のものは内田氏の採集に、ムラガリボシ、アツマリボシがある。天明の「雑字類編」には「昴宿《ムラボシ》」とあって、沖縄のムリプシ、奄美群島のブレブシも「群れ星」である。また、富山下新川郡のソウダンボシ（相談星）、群馬沼田の十二ボシも同じ見かたである。

さらに愉快な名は、

ゴジャゴジャボシ（静岡・志摩）　ゴチャゴチャボシ（舞鶴）

ゴチャゴッサマ（群馬田野郡）　ゴヤゴヤボシ（志摩）

ジャンジャラボシ（伊豆利島）

など。

その他、ヌカボシは昔から微粒星のことを言うが、スバルボシの方言として、奈良・静岡・岩手・青森など諸地方で採集されている。コヌカボシもある。また、ぼんやり見えるのでホウキボシと呼ぶ地方も稀れにはあって、岐阜県揖斐の山村では、「ホキボッサン、その下にオウギボシ、ミツボシがある」という。ここにはススキボシの名もあった。

くさぼし（草星？）

北原白秋氏の「宵」という童謡に、

出たよ草星（＊）、おらちゃんと見てた
背戸のよこっちょの川岸に。

とあって、「＊スバルの地方語」と註してあった。

茨城や静岡地方では多くクサボシだが、東北地方ではオクサボシで、転じてモクサボシという土地もある。わたしの甥が岩手下閉伊郡の炭焼から聞いたのはオークサボシで、「ぞろッと出る星」といい、同気仙郡で聞いたオクサは、「ちゃぐちゃぐと光る小さい星の集まりで、いか釣りに重要な星」と説明された。石橋正船長が下閉伊で聞いたのでは、オオブサ（ほうき）といっていた。本田実君も、かつて北見枝幸からオクサの名を報じてきた。

しかし、私の知る限りでは、その地方の農夫や漁夫にただしても、クサボシの意味をは

っきりと答えた例はない。草星は当て字であろう。ただ、「全国方言辞典」に、

くさくさ　物の多いさま。「子供がくさくさと遊んでゐる」（山形県米沢）

とあるのが、この解釈に役立つように思う。

ともかくオクサボシは、東北地方ではごく普通な名で、スバルにつづいて昇る一等星アルデバラーンは、一般にオクサノアトボシと呼ばれる（あとぼし参照）。

例えば、甥が岩手九戸郡、同気仙郡で聞いたヤクボシ（役星）は、

一列につづくオクサ、オクサノアトボシ、ムツラ（オリオン）、ムツラノアトボシ（シリウス）

で、また草下英明君が、同気仙郡鹿折村の梅原盛氏から報ぜられたのでは、

イカ釣りはフタメ（薄暮より夜に移る時）、月の出、月の入、役星の出などにはイカは必ず釣れる。

役星　モクサ。ムヅラ（オリオン）。サンカク。カリマタ（秋口など十二時ごろ出るそう

だがよく分らぬ）。大星（暁の明星）。モクサのアトボシ（よく分らず）とあったという。最後のアトボシも、前記アルデバラーンである。

はごいたぼし（羽子板星）

スバルは、六つの星の集まりを上代人の玉飾りと見た名とするのが定説で、星の一つ一つを真珠白珠《またましらたま》に擬したのは、いかにも自然で、美しい空想である。けれど、これは後世からの解釈で、そうでなく、六つの星を四辺形に柄をつけた形と見、それをいろいろの物に擬した名が諸地方にある。多くは江戸時代以来のものと思われるが、まずハゴイタボシがある。

初め私はこの名を千葉の内田実氏から、叔母の話として、その故郷の木更津の方では、スバルが出ると、子供たちが「ハゴイタボシが出た、出た」といって騒ぐと報ぜられた。まさしく羽子板に見える。そしてスバルの南中が正月の夜に当るので、わたしはひどく興味を感じた。正月にも菜の花が咲き、富士が霞んで見える半島で、砂浜に引き上げてある船々の松飾りや幟《のぼり》、はでな大漁着《まいわい》をつけて徘徊する船頭たち、海に日の落ちるまで羽根をついている着ぶくれた子供たち、やがて黄昏の空にハゴイタボシがほんのりと現れてくる景色などを楽しく空想した。そして、これはこの地方のみの名だろうと思っていた。

ところが、当時愛宕山にあったJOAKで、この名を放送すると、課長のK氏が、京都生まれの母がハゴイタボシの名をいっていたと話したので、驚きもし喜びもした。が、その後雑誌「方言」の京都方言雑記に、「ハゴイタボシ　北斗七星」とあるのを知った。一名をカジボシ（舵星）ともいう北斗の形で、強いて見れば羽子板といえないでもないが、柄があまり長過ぎるし、さもなくても可愛げがないと思った。

しかし、やがて岐阜美濃町の広瀬永治郎氏から、その地でもスバルをハゴイタボシと呼んでいると報ぜられた。また、同地第二中学の教頭井上啓次郎氏が、宮崎生まれの母から「ハゴイタボシが上られたから」云々とよく聞いたと報ぜられ、つづいて熊本隈府の緒方起世人氏から、幼時南熊本から来ていた婢からハゴイタボシの名を聞いたと報じて来た。

こうして、この名は房州から一気に九州へ飛んで、わたしをうろたえさせたが、その後さらに、奈良榛原町の酒造家辻村精介氏から、同地にもスバルのハゴイタボシがあること、長谷川信次氏から埼玉入間郡の人が、何の星か知らないがハゴ

はごいたぼし

イタボシの名をいっていたこと。ずっと遅れては、丹波の綾部高校の校長だった磯貝勇君から、青年会の帰りに土地の娘が「ハゴイタボシが出ている」と、スバルを指していったという話などが、ぞくぞく集まってきた。そして書物では、岸田定雄氏の「大和にのこる星」に、ハゴイタボシが丹波市・三輪町・大宇陀町その他でいわれるとあり、また内田氏の発表にも、静岡各地・鎌倉・兵庫地方などに同じ名があった。

わたしは、一体こんな特殊な見かたと名とが、初めどこの誰がいいだして、どういう径路でこうも広く伝播したかをつくづく不思議に感ぜずにはいられなかった。

もっとも、醍醐寺の管長佐伯老師は、わたしの文を読んで、こんな手紙を下さった——

小生は広島県福山寺の老母より明治三十年頃、彼れが三つ星、彼れがハゴイタ星、彼れがスバルと三者を区別して指示せられし事有之、其ハゴイタ星はアルデブランを一角頂に持つ畢星ニテ、貴書にあるつりがね星に当り候。爾来此星を仰ぐ毎にアルデブランがハゴイタの柄になり居らば格好が善きにと思ひ候様の次第に候云々

これも興味のある報告で、ツリガネボシ〔その項参照〕の二十八宿名、畢《ひつ》は、中国の兎猟の手網で、イタリーでもラケットと呼んでおり、これを羽子板の形と見ることは、前掲の北斗七星などよりも遥かにうなずけるからである。

つとぼし（苞星）

ハゴイタボシと同じ形をツト（苞）と見て、ツトボシ、ツトッコボシという地方が、静岡・千葉その他にある。

長野の石井堅氏は、塩尻附近の老人から、ツトッコボシは、納豆、玉子などを入れる藁づとの形と見たものと話されたという。

新村博士から、延宝二年の句集に、

草むらに入やつとぼし飛螢　　三河　育帆

とあるのを報ぜられたのは、珍重すべき文献である。

しかし、ツトボシは別にヒヤデス星団の和名でもある〔つりがねぼし参照〕。例えば、和歌山日高郡矢田村から図に描いてきたツトボシは正しくそれで、「形が藁ヅトに似ている」と註してあった。この見立てにも無理はない。

また、いるか座の和名ヒシボシの菱形を、浜松地方でツトボシと呼ぶと、石田淳氏から知らせてきた。

これに通じた見方の名を以下に掲げる。

ツチボシ　農家で藁を打つのに使う柄の短い木槌の形に見たもので、静岡・千葉。長野・和歌山等。

ミソコシボシ　柄のついた揚げザルで、山口麻太郎氏の「壱岐方言集」にある。赤坂陽君は福岡で祖母からこの名を聞いたという。

スイノウボシ　秩父吉田町の小林氏の報で、同地の人が発明したうどんを揚げるスイノウの形と見たものという。前記の名と同じ見方で、茨城や南埼玉のスイノウはミソコシのことである。

ハホガタボシ　船長石橋正君が岩手地方で聞いた名で、スバルを農家の藁ぶき屋根にあける煙出しの穴と見たものという。「全国方言辞典」には、「はほ、はふ　家の棟に近く妻に設けたる煙出し用の格子。山口県防府」「はふ　屋根の煙出し。神奈川県津久井郡」とある。破風の字を当てていいのだろう。

この参考となるのは、岸田氏の「大和にのこる星」に、大宇陀町や内牧村ではハゴイタボシの名と共にスワリボシの名が同時に行われ、しかもスワリボシがツリガネボシのことをいう。母は屋根のスワリ⇧が⁙の形なので、スワリボシという。煙出しのことをスワリグチという。

とあることで、これはハホの見方に通じていると思われる。

終りに、以上の名は、スバルを英国でいう"Little Dipper"フィンランドの篩《ふるい》、フランスの蚊よけの網、古くは漢訳仏典に「形剃刀の如し」とあるのなどを思わせて、世界共通の民族心理に興味を感じさせられる。

くようのほし（九曜の星）

九曜は、仏典で七曜（日・月・火星・水星・木星・金星・土星）に、羅睺《らご》星、計都《けいと》星という実在しない星を加えたものである。これが天地四方を守護する仏神に象どられて、九曜の曼荼羅《まんだら》にも描かれ、平安朝の末からは真言宗の本尊として崇拝された。

ところが、「物類称呼」の昴《ぼう》（スバル）に、「東国にて九ようの星と云」とある。これは正しい意味の九曜ではない。おそらく下総の千葉氏一門から発した月・日・星の紋の一

──大きな星を中心に八つの小さい星がめぐっている九曜を、星の類はちがうが、スバルの群がっているのに名づけたものと思われる〔ひちようの星参照〕。

中には、埼玉入間郡でスバルを六曜星と呼んでいるような例もあるが、やはり、クヨウと呼ぶ地方が関東から東北へかけてあちこちに見出だされる。根本順吉氏は茨城行方郡地方で、スバルを指さしてクヨウと教えられた。房州船形の漁夫もこの名をいっている。

わたしの甥は蔵王山のヒュッテで、山形南村山郡の法印から、ナナツボシ、サンボシと共にクヨウボシの名を聞いた。内田氏も青森・山形・静岡その他で、スバルのこの異名を採集している。播州高砂でもクヨウノホシである。「瀬戸内海島嶼巡訪日記」の星の呼称にも、岡山・広島の六つの島々で、「スマル九ツ夜七ツ。クヨーノホシともいう。九つは見えぬ」と註している。

なお、静岡の焼津町附近では、カシオペヤの五星をクヨウと呼んでいるというが、これはいつとなくゴヨウ（五曜）を誤ったものらしい〔ごようのほし参照〕。

以上で、スバルの異名を終った。次ぎに同じおうし座に属するヒヤデス星団の和名をしらべて行く。

つりがねぼし（釣鐘星）――ヒヤデス星団――

大正の末年、諏訪の矢崎才治君から、

星の特別の呼びかた二つを得ました。諏訪ではプレイアデス、即ちスバルのことを一升星と呼びます。次は牡牛座のα星アルデバランとθγδεの四星とで描く左向きのVの字、あれは見方によっては、釣鐘の形に見えましょう。そこから、釣鐘星と呼びます。秋、農夫等が夜刈りに思わず夜を更かす時、東の八ヶ岳の上に、一升星が上り、つづいて牡牛座が上ると、「もう釣鐘星が上ったから、三つ星さまも今に上るだろう」などと言います。

と報じてきた。これは島根地方のカゴカツギボシと共に、わたしを開眼してくれた最初の和名として忘られない（前出）。

即ち、西名のヒヤデス星団のV字形が、東の空で左向きに横たわっている姿を釣鐘に見立てたもので、まことに日本らしい、そして空想を誘われる名である。

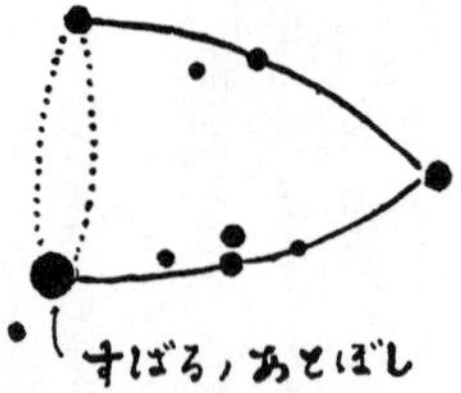

つりがねぼし

ツリガネボシは、その後しばらく発見されずにいたが、やがて内田氏から静岡地方で広くいわれていることや、ツキガネボシ（撞き鐘星）の名が佐渡にあることを報ぜられたのを初めに、千葉印旛郡川上村のツリガネボシが山本秀雄氏から、さらに都下北多摩の小平村にも同名のあることが、広島から上京後間もない磯貝勇君により採集されてわたしを驚かせた。

次いで、群馬吾妻郡のツリガネボシを長谷川信次氏から、三浦半島久里浜のものを小島修輔君から、愛媛地方のものを越智勇治郎君から、丹波綾部市附近のものは、内田・磯貝二氏が発表した。ここにカネボシもあった。また、小松崎恭三郎氏は、徳島のカネツキボシ（鐘撞き星）を報ぜられた。

それから「佐渡海府方言集」に、

ハンショノツッカラカシ　北方に出るザマタの東にあらはれ、半鐘の形をした七つの星。

とあるのも、同じくツリガネボシに違いない。ツッカラカシは、外海府の森下森雄氏からつき倒す意味であると報ぜられた。ザマタは、ふたご座の星らしい〔ふたつぼし参照〕。

以上の他にもこの星団の形をいろいろに見た方言があり、多くはΛの形についてである。

ツトボシ　藁づとの形に見たもので、和歌山日高郡の従妹からの報である。

モッコボシ　初め内田氏が岩手気仙地方の名として発表したが、石橋正君も同地方で、薪炭などを背負って運ぶモッコに似ているからと聞いた。

イナムラボシ、コヤボシ　内田氏による静岡白浜の方言。やはりΛの形である。

ミボシ　同じく静岡周智郡でいい、八王子附近ではミノボシである。箕の形と見たもの。

センスボシ、ハンカイボシ　秩父吉田町でいう名。昇るさまが扇を半ば開いた形に見えるからだという。岐阜の谷汲辺でも、ハンカイボシ、オウギボシといい、「ホキボッサン（スバル）、その下に、オウギボシ、ミツボシが昇る」といっている。

ウマノツラボシ　Vを馬の面と見たもので、山形地方でいう。これを石川六郎氏から報ぜられた時、わたしは沖縄で同じV字形をウマノチラーと呼んでいるのを思って驚いたが、後に東北のウマノツラは、雪よけにかぶる頭巾が馬の頭に似ているからの名にもとづいていると判って、驚きと喜びとを新たにした。

さらに、岩手の気仙沼地方にカリマタという星の名があって、梅原盛氏の報では、秋ぐちの十二時頃に昇って八つの星が羽をひろげた形に見える星であるという。この名も▷の形を矢じりの雁マタと見たのだろうか。わたしは摩登迦《マタンガ》経にこれを「形飛雁の如し」と形容しているのを連想した。

あとぼし（後星）――おうしα・大いぬα――

ツリガネボシ（ヒヤデス星団）の描くV字形の左の頭に、一等星アルデバラーンが赤く輝いている。それで北海道の江差でも、能登の宝立町でもアカボシ（赤星）と呼んでいる。しかし、この名は、夏のさそり座の主星にいう方が多い。

この星の最も普通な和名は、スバルにつづいて昇る意味で、

オクサノアトボシ（後星）　青森・岩手
スマルノオノホシ（尾の星）　綾部地方
スンバリノオムシ（同上）　福井地方

などと呼んでいる。これは西名アルデバラーンがプレヤーデス（スバル）に「随うもの」の意味であるのに通じている。

福井の松原丈夫氏が、坂井郡雄島村で聞いた報告には、

東北から一番先にあがる星はスバレといい、その下に上るのはアトボシという。その次ぎ上るのはカラツキ（註、三つ星）という。その下に上るのはカシウボシ（シリウス?）という云々

とあった。

なお、内田氏の採集に、青森下北郡では、

アトボシ　スバルが出てから約三、四十分後にスバルとほぼ同方向より出る星。

サキボシ、又はアヲボシ　スバルより二十分前にスバルとほぼ同方向より出る星。

とあって、「サキボシ」を挙げている。おそらく、ぎょしゃ座のカペルラだろう〔ごかくぼし参照〕。

ちなみに、香川の与島では、アルデバラーンをアイノホシ（間の星）といい、スマルと三つ星の間に出るからという。よくうなずける。

次ぎに注意すべきことは、大いぬ座の主星シリウスを三つ星に対するアトボシというこ

とで、はじめ本田実君が北海道の皆既日食の当時、枝幸の漁夫から聞いて、「タゲノフシ（三つ星）のあとから昇るから」と註してきた。そして、これも分布が広くて、青森・岩手ではオボシ、呉の吉浦、姫路地方でも三ツボシノアトボシといい、福井大飯郡では、カラツキノオムシという。

磯貝君が舞鶴その他で聞いたカナツキ（＝カラツキ）ノオウボシも、同じく尾星の意味で、これは「二百二十日ごろ、朝早くカナツキサンより一時間半おくれて出る」という。

わたしの甥が岩手九戸で、昔のベンザイ（船）衆の老人から聞いたのでは、

オクサノアトボシにつづいて、ムヅラ（註、三つ星と小三つ星）、ムヅラノアトボシがあって、これはムヅラから測って六寸の距離がある。この四つは、まっ直ぐな線に相次いで出る船のヤクボシで、星アテに用いる。

と話したという。「六寸の距離」はおもしろい。角度で約三十度である。

また、島根八束郡岡本村では、

カラスキの前と後にアトボシが二つある。アトボシ――カラスキ――アトボシの線を引いて、（上へ）延長するとスバルにとどく。

といって、二つの「アトボシ」をはっきりさせている。
しかし、この名が主としてスバルとカラツキ（三つ星）とに限られているのは、もちろんイカ釣りの目標となるたいせつな星だからである。

みつぼし（三つ星）　――オリオン座――

単純な名だが、数でいう星の名では最も実感がある。いうまでもなくオリオン座の中軸をなす三つの二等星で、たけも長きに過ぎず、短きに過ぎず（角で約三度）、一文字にならんだ印象は、単純さの持つ荘重の極致であろう。真東から現れるときには、初冬の地平にたて一文字に立ち、南中のころから斜めに傾き、暮春のころ横一文字となって西の地平へかくれて行く。

この出入りと空の位置によって、三つ星は昔から漁撈や播種収穫の季節を教えて、漁村農村の人たちから親しまれ、あがめられてきた。ミツボッサンと呼ぶ地方が多いのも当然であり、静岡・三重、北と南へ飛んで青森・鹿児島でミツガミサマと呼んでいるというのも、よくうなずける。

静岡地方を中心とする三つ星の方言は、例により内田武志氏が丹念に集めている。その転訛を借用すると、

ミツガイサマ（安倍郡・周智郡）　ミツリガイ（静岡市）　ミツナミ（伊豆一円）
ミツナリサマ、ミヅラ（神津島）　ミヅラボシ（岩手）　ミツナラビボシ（福島）
ナラビボシ（志摩）など。

長野の更科では、ミツレンサマといい、これに対して、スバルをモツレンサマという。「三連ら」、「六連ら」からの変化だろう〔むつらぼし参照〕。

三つ星は昔から、夜なべの時刻をはかるのに使われてきた。例えば、杉浦慎三君の手紙では、愛知幡豆郡では、

おらとうは、ゆうべミツボッサンの満時《まんどき》までよなべをせた。

などといいならわした。満時は午時《うま》で、真南に高くなったのをいう。

また畝川哲郎君によると、呉の吉浦の漁夫たちが、夜なべを「ミツが横になるまで」とか、「ミツが入らさるまで」という。ミツは、房州勝山でも、土佐の吾川でもいっているという。

三つ星が宵に昇るのは冬に入ってからで、山田隆春氏の十津川民俗資料には「しわすカラスキゃ宵に出る」とあった。カラスキは三つ星の異名である〔からすきぼし参照〕。しかし、昔から「しわす三つ星は宵に果てる」という俚諺が諸地方に残っている。あるいは「出で果てる」の意味だろうか。

もう一つ、旧盆にちなむ俚諺で、愛媛の加西郡西下町に、

カラスキ斜方《しゃほう》の仏送り

というのがある。栗山一夫氏がかつて雑誌「旅と伝説」に発表したもので、「カラスキ〔三つ星〕が斜めになるのは真夜中で、そのころ、盆の仏様を墓にお送りする」と註してあった。これには三つ星の昇る時刻が早過ぎて、話者に誤りがあるようだが、この行事は奥ゆかしい。「斜方」の正しい意味は判らないが、播州地方ではカラスキばかりでなく、「スマルが斜方にくれば新米が口に入る」と言い、南中の意味に用いている。

山形の土屋貞吉氏のたよりには、「うら盆過ぎから農夫たちは未明に馬で草刈りに出かける。その時、オホウ、サンボッサンが出てる。夜明けも近いという」とあった。サンボシは静岡・愛知・茨城でもいう。

この名にちなんで、静岡賀茂郡にサンゾロボシがあり、同地方や下田町にはサンドルボ

シがあるという。初め内田氏から報告を受けた時には、後者に唐人お吉を連想して、後にも、相田八之助氏が子供の時に聞かれた、

お吉可愛やあの三つ星も、ドルに買はれて波の上

という俚謡をも結びつけたが、岡山の八浜に、サンダラボシがあると聞くと、これはやはりゾロリと出るサンゾロボシからの転訛だろうと思うようになった。

スバルと農作との関係は、その章に詳しいが、スバルから少しおくれて昇る三つ星の高さを、そばまき・麦まきのしるべとする地方があちこちにある。

静岡地方の例を、これも内田氏から借りれば、富士郡では、三つ星が九月半ば過ぎ、夜明けに南中するのを見て、そばを播く。すると、一升の実から八合の粉が取れるほどになる。それで、

ミツボシまっ昼、粉八合

という俚諺がある。「まっ昼」は南中時をいう〔すばる参照〕。

また、三つ星が十二月ごろ夜明け前に西に入る時を、麦の播き時とする地方が多い（静岡・神奈川・富山・三重・兵庫等）。そして静岡賀茂郡稲生沢村では、この時を単に「星の入り」といい、また、ムツナミサン（三つ星とコミツボシ）が西の空で「入」字形に見えるころ、麦播きをする。同庵原郡では、三つ星が日没に昇って、日の出前にかくれるのを「夜わたし」といい、同じく麦の播き時としている。

地方によっては、こういう規準を三つ星の入る山できめていた。例えば、川口孫治郎氏の「自然暦」には、

カラスキが浅間山（紀州）の上十間許りに出る（入り残る）と麦のまき時。（和歌山、木本町）

ゴウマス（合桝＝三つ星）が夕暮に山から三四寸に見えるころ、カモの来ざかり。（福岡、八女郡野添）

という俚諺が引用してあった。

なお、群馬の沼田では、「サンジョウサマは麦の穂で目をついたことがあるので、その季節（麦秋）には上らない」というと、長谷川信次氏から報ぜられた。

漁獲の目標としての三つ星も、スバルについで、それもイカ釣りに関係が深い。水産研究所の石橋船長は、八戸鮫町の老船長の話として、

イカ釣り船の船頭は、星を見ることがへたではやれない。サンコウ（三つ星）の上りまでは漁をあきらめずにつづける。また、夜明けのミョウジン（明星）が上ると、もう一度イカが浮いてきて漁がよくなる。

と知らせてきた。

また、某東北大学生の手記には、岩手下閉伊郡田野畑村のこととして、「秋の末から冬へかけて沖を通るイカの大群。ミヅラの出る時刻をねらって沖にならぶ小舟の灯が水平線をすきまもなく埋めて美しい」とあった。

それからまた、宮本常一氏の採訪では、福井三方郡地方では「カラスキが宵に現れるころになると、アジやサバがよく食うといっている」とある。

次ぎに三つ星は、正しく東から昇って、正しく西に入るので、海上では重要な方角のアテである。戦争の間、東支那海で爆沈された輸送船からボートで脱出した人たちが、三つ星によって方角を知り、台湾の無人島に漕ぎつけたという実話を、わたしは甥から聞いた。

安永年間の暁台の「佐渡日記」にも、その例が出ている。

……「未練の舟子哉、あれ見よ三つ連たる星にあて、やらんには磯輪かならずはぐるべからず、おせや〳〵」と舷たたきてをたけびす……又三つぼしにあて、漕ぐほどに「あれよ、磯かたに火の二つ見ゆるぞ、よせよ〳〵」と曳々《えい〳〵》ごゑ出してやりければ、小木の外の間といふに船入なり云々

終りに、天気占としての三つ星を引く。和歌山の新宮では、

カラスキが水田をくむ（註　光がゆらめく）と雨降り。

といい、日高郡地方にも、ミヅクミボシの名がある。反対に、奈良の北葛城地方では、「星さんが水くみをすると天気がつづく」という。

また、静岡榛原郡地方の漁夫は、三つ星が西に沈むころを「入り合いナギ」といって、海の最も静かな時刻としているという。

以下、三つ星の方言を挙げて行くが、すべて農村漁村の生活にもとづくものである。

さんこう（三光）

わたしが初めてこの名を知ったのは、「物類称呼」の「参《しん》」のくだりに、

——江戸にて三光といひ、又三つ星といふ、……武蔵の国葛西にてさんかぼしといふ。

とあるのによる〔からすきぼし参照〕。

三光は正しくは日・月・星である。それが転じて三つ星の異名となったのは、北斗七星を七曜とよび、スバルを九曜とよぶのと同じ経路と見られよう。しかし、霜夜の空に三つ星がならんで光を競う印象は、三光を日・月・星の概念的な名から奪うに十分である。ついで、わたしは、当時函館にいた小島修輔君から、石川県出身の馬車追いの話というのを送られた。——

三つ星は特に三光星と呼び、神さまとして尊んでいる相です。それで正月の夜などは外へ出てこれを拝んだということで、三光星の青い光を見ていると、本当に気持ちが

よくなって、心の汚れが取れてしまうのだと言っていました。

この馬車追いの敬虔な話は、わたしが星の和名を漁って行く上に、一つの心がまえを与えてくれることになった。

この報告についで、群馬の館林にもサンコウボシがあることを聞いた。それから、秋田・青森地方のサンコウノホシ、サンコボシ、愛知西尾町のオサンコサンなどを報告された。「物類称呼」の「さんかぼし」も三光星に違いないと思う。

戦後になって、船長の石橋正君から、小名浜と尻矢岬の間の漁夫は、北斗七星を「サンコウを呑む星」とよんでいて、こう説明したと書いて来た。――

北斗の指極星（α・β）を開いた口と見、その開いた方向にサンコウ（三つ星）が常に在り、かつサンコウが移動すれば、この口の方向もそれにつれ変って行く。従って、この口の開きの方向からサンコウを見出だし、これによりイカ釣りのシュンを確かめている。

わたしはこれを読んですぐ、ホメーロスの「イリアス」の第十八篇で、鍛冶の神ヘーファイストスが、アキルレウスのために造る円盾の表面の模様に、

――ハマクサ（車）と呼ばれて恒に環《たまき》なす行路《みち》をめぐりつつ、オーアリオーンを見守り、これのみは絶えてオーケアノス（大海）の波に浴《ゆあ》みすることなきアルクトス（北斗）

を描いたとあるのを思い出した。

北斗とオリオンとは約九十度も離れているので、この叙述にはしばしば首をひねっていたのだが、これではしなくも西紀前九世紀のギリシャの星の見かたが、今日の日本の漁夫の知識と結びついたわけだった。古代のギリシャでも、こう見ることが海上生活に何か必要な理由があったのだろうと思う。

さんちょうのほし（三丁の星）

これも江戸の「物類称呼」の「参《しん》」に、

――東国にて三ちゃうの星と呼《よぶ》。

とあるもので、今も埼玉・群馬・茨城地方で、三つ星の称となっている。そして同書に、「今按に、三所の音転なり」とあるが、おはじきや魚などを数えるいいかたと同様、「三丁」であろうと思う。

　これは転じてサンチョンボシともいい、スバルを六チョンボシというと、秋山禎康氏の報にあった。北極星をキタノ一チョンボシ（長崎西彼杵郡）といったり、

　　月がかたむくちょんの星ゃ移る、心細さよ鳥の声（近江の馬子唄）

というのなどに通ずる名である。

　さらにこの名の転訛と考えられるものに、

サンチョーレン（多古町）サンチョーライ（佐原町）

という奇妙な名がある。これについて、飯田真弓君は、次ぎの数え歌を教えてくれた。

　はじまったりや一の谷　日光山は中禅寺
三チョーレンは夜なかの星　四王天は但馬ノ守
　ごっそり駈けだす藪いたち（下略）

終りまでうまくいうと、「わかったら鹿の角」と賞めたものだという。

これは酒屋者が冬の夜明け四時ごろ、水を小桶に汲む唄で、もと越後から千葉地方へ来た男が伝えたらしいと聞いたという。しかし、サンチョーレンという星の名はここだけのものである。

わたしは、この「レン」はまず何々連などの「連」で、長野辺でいう三つ星のミッレン、スバルのモッレンなどに通ずるものかと思うのだが、「ライ」をその変化ときめてしまうまでには行っていない。

その後、ある少年雑誌の綴り方で、群馬県北甘楽郡秋畑の小学生（当時）M君が、人名に「ライ」をつけていたので、その地方で三つ星を三チョーライとよんでいるかと問いあわせた。

すると、ミツボシとか、サンジョーサマといい、「ライ」は人名にしか附けない。ニコライはお人よし、チューライさんはずるい人、パイライはハイカラな人のことで、軽蔑をふくんでいる。しかし、「ライ」はだんだん廃れて、「テン」と「シュー」に変って来た。そして、「ライ」の意味は判りませんと答えて来た。

こうして、今のところ、少くもサンチョーライは極めて特殊な方言で、ある時東京の教師たちの会合でこの星名をいった人に、千葉県の出身でしょうといったら、果してそうであった。

さんじょうさま（三星様）

これは群馬・埼玉・栃木地方でいう三つ星の称で、初め利根郡の長谷川信次氏から報告をうけた時、これに当てる字を、大峰サンジョウなどの「山上」かと思ったが、しかし、「明星」などから考えて、やはり「三星」だろうと思いかえした。

その後同氏は、その地方で北斗七星あるいは破軍星をヒチジョウリマ、ヒチジョウケンサマとよんでいることを聞きこんだ。これはむろん「七星――」で、江戸以前にも北斗を七星《シッショウ》といっていたのに通じる。それでサンジョウも「三星」ときまった。

この名の響きはどこかおごそかで、利根川上流の山民の信仰が宿っているように感じられる。沼田で、「サンジョウサマは麦の穂で目をついたことがあるので、その季節にはお上りにならない」といい伝えているのなどもこれを思わせる。

なお同じ群馬の鬼石附近にもヒチジョウノケンと、サンジョウノケン（三つ星）がある。また、岐阜の揖斐地方でも、サンジョウの名があるのを報ぜられた。

さんだいしょう（三大星）

おさんだいしょうさま、屋根の上、麦つきや臼のかげ杵まくら

これは茨城の民謡で、かつて同地生まれの故野口雨情氏は「さんだいしょう」という詩集を出して、これを三台星と註していた。

しかし三台星は、北斗七星に属する上台・中台・下台の総称である。サンダイショウは「三大星」で、群馬・埼玉のサンジョウサマ（三星様）と同じく、三つ星の方言である。そして今でも、茨城初め岩手・福島・宮城地方に行われている。

これの類似のサンダイボシ（三大星）が、静岡・岩手・宮城にあるが、北越地方ではサンタイボシで、「越後方言考」には「三体星」の字を当てている。長谷川信次氏も、福島生まれの人からこの名を聞いた。スバルをロクタイボシ、北斗七星をナナタイボシというのなどに対しているのだろう。

ところで、サンダイショウは転じて、茨城・栃木・福島地方のサンダイシサマ、サンデージサマとなった。サンダイシは自然に三大師を思わせる。それで内田氏は、これを旧の

九月・十月・十一月に行う三回の大師講を三大師講と呼ぶことに結びつけている。

しかし、わたしの甥は、かつて宮城郡利府村のうどん屋で、サンダイシは「アメリカのイエス・キリストと、日本の天子さまと、印度のお釈迦さまがならんだお姿」と説明されて面くらった。必ずしも三大師講ではないらしい。

また、仙台の三浦正弘氏は、これをサンダイミョウ（三大名）と訛っているのを報じてきた。それを伊達・上杉・南部にたとえたものかといってきた某氏もある。

それよりもサンダイショウは、とかく三大将と解される。特に早春の夕、このトリオが西の空で一文字になった印象は、「三星の横に列なれるは三将也」と中国でいわれたのを思い出させる。

なお、わたしは陸前の古川市で、三つ星にサンボウコウジン（三方荒神）という珍しい方言のあるのを聞いた。これは道中馬の三人乗りのやぐらのことで、三つ星の横ならびをそれに乗った三人の姿と見たものだろう。

しゃくごぼし（尺五星）

「物類称呼」の「ものさし」の項に、「常陸にてしやくごと云」とある。故水野葉舟君の報では、「成田附近では三つ星のたけをモノサシの一尺五寸ぐらいあると見、シャクゴボシという」とあった。

この名は土浦辺でもいわれて、市川信次氏は、クジラ尺（二尺のもの）の両端と中央に大きくポツがあるのが三つ星を思わせる、と書いて来た。

また、千葉君津郡でいうサンギボシ（算木星）、青森地方でいうサンキボシも、尺五星と同じ見かたらしい。また茨城水海道のサンジャクボシを秋山千恵子さんから、三浦半島走水のサンゲンボシを磯貝勇君から報ぜられた。三つ星のたけをそれぞれ三尺と三間と見たのである。磯貝君は、片眼の老漁夫から、メラボシ、スバル、オウボシ（金星）と共にこの名を聞いたが、小島修輔君は同久里浜でも同じ名を聞いた。

こうして地方により、三つ星の見かけの長さがまちまちなのはおもしろい。西洋の商人は、三つ星を反物をはかる尺度で、エル（ell 英国では四十五インチ）とよんだり、「エルとヤード尺」とよんでいたという。

おやにないぼし（親荷い星）
おやこうこうぼし（親孝行星）

——オリオン・さそり・わし——

この星名も、「物類称呼」の「参《しん》」に、

江戸にて……三つ星といふ、関西にて親になひ星と云。


とあるので、広くいわれていたことが判る。

今日でもこの方言は、兵庫・奈良・三重・長野・静岡等の地方でいわれ、また転化したものや、同意義のものに、

オヤイナイサマ（静岡小笠郡）　オヤナイボシ（奈良添上郡）
オヤカツギボシ（静岡周智郡）　オヤササギボシ（同青ヶ島）

などを、内田武志氏その他が採集している。同じ見かたで、

オヤコウコウボシ（親孝行星）　三重・静岡・神奈川・富山・福井・青森等、群馬地方

があり、群馬地方にオヤコボシ、秩父吉田にはコウコウボシがある。

これらはすべて、三つ星が南中を過ぎ、西へ移って横一文字になった形を、中央の星を孝行息子、左右の星をその荷う両親と見たものである。

ところで、注意していいのは、これらの名がオリオンの三星ばかりでなく、形がよく似た夏のさそり座の三星、及び、わし座の三星にもいわれていることで、奈良宇陀の辻村精介氏はかつて、兵庫から来ていた酒男が、「ニナイボシは三つある」といっていたと報ぜ

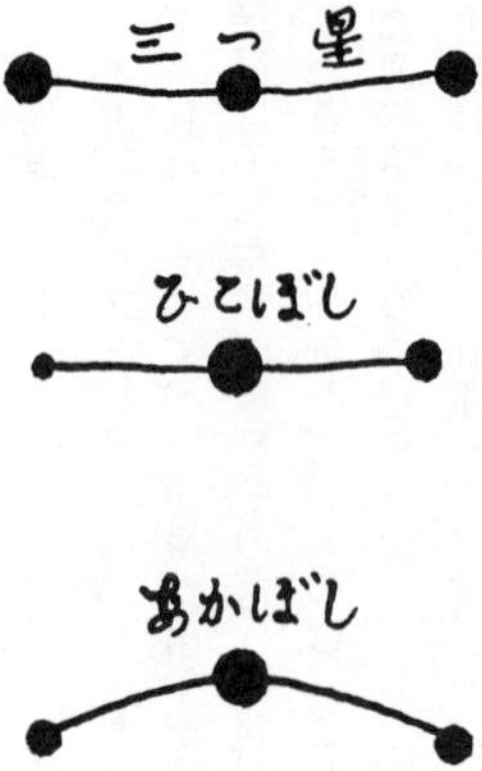

おやにないぼし

られた。

まず、さそり座の三星である。これはカゴカツギその他の和名で有名だが〔その項参照〕、この∧の形を、前記三つ星の場合と同じく両親を荷う孝行息子と見て、オヤニナイボシ、オヤカツギボシなどといっている地方が静岡にある。

愛知地方でも同じくオヤイナイボッサンで、大岩彰氏は、「病気の両親を荷い、諸国をめぐって慰めている孝行息子で、重いので顔が赤い」と、中央のアカボシの色を説明してきた。これは静岡磐田郡でもいっていることで、三星とも青いろのオリオン三星には当てはまらない。

次ぎの引用は、立田三郎氏が写して送られた「会津旧事雑考」の寛永十四年丁丑七月八日の記事で、オヤニナイの文献としても珍しい。

八日戊刻　一星在二千月正東一亥刻入二月中一及二亥半刻一先一尺許　其星世云二親荷《オヤニナイボシ》 星一
三星相連中之一星也　云如レ此賤賊犯レ上兆乎　此歳肥前耶蘇作レ乱。云々

これはいわゆる星食で、黄道に近いアカボシが月のために一時隠されたのを天変と見たもの。三つ星や、わし座三星では、この現象は起らない。

次ぎは、わし座三星のオヤニナイである。初め長谷川信次氏は、群馬利根郡薄根小学校の小使さんから、この名を聞いたが、

「オリオンの三星をいうものでないのは確かです。三つ星の出ていない夏に見えるというので、初めはさそり座の三星かと思いましたが、頭の上近く回って来るというので、わし座の三星に相違ないと思いました」

とあり、ついで本物を指させてそれを確かめたといってきた。

ところで、これらは昔の文献にもあったことである。かつて新村博士は「二十八宿の和名」という文の中に、

……蝎座即ち心宿〔さそり三星〕の一名をオヤニナヒ星といふことが、元禄の書言字考や享保の名物六帖の様な字引に出てゐる。明和の雑字類編にもある。……天明の俳句に「星合やわれは嬉しき親になひ」といふ七夕をよんだ暁台の句があるのは、これは河鼓三星〔わし座三星〕に因んだのではあるまいかと思ふ。

と書いておられる。

　また、わたしも「類聚名物考」の彦星（ひこぼし）のくだりに、

　　今案おやになひぼしといふは親荷星にて爾雅に担鼓也といへるに合べし云々

とあるのを見た。担鼓は河鼓三星の異名で、前記わし座三星に当る。

　こうして、この三対にオヤニナイの名が共通していたことが判る。しかし最もこの名に適しているのはさそり三星であろう。

　三つ星やわし座の三星は東から昇る時はたて一文字、または斜め一文字で南から西へ移ってから初めて横一文字となる。これに比べて、さそり三星は初めから低い南の空を渡るので、横にならぶ期間が長い。かつ、これは他の二対と異なって、一文字でなく、赤い一等星を中心にして山形を描いているのが、いっそうオヤニナイの名にふさわしい。それでこの方言も初めこの三星に生まれ、それが形象の似た他の二対にも展びていったのではないかと一おう考えたこともある。

　しかし、それよりも問題になるのは、どうしてこれら三星の横列を、両親を荷う孝行息子と見たかということで、これは農具・漁具などの名の多い日本の星名の中では稀有の例

である。また、以前何かの伝説を伴っていたのが忘失されたものとも考えられる。

さらに判らないのは、息子がどういうふうにして、二人の親を荷っているかということで、どこからも満足な答は得られなかった。さそり三星は、広くカゴカツギ、アワイナイ（粟荷い）などとよばれ、オリオン三星にもアワイナイの名がある（その項参照）。これらは明らかに、農夫または商人が、その荷を二個のかごに入れ、天びん棒で担いでいることを示す。すると、両親もかごに入れて担いでいると見るのであろうか。わたしはこれについて柳田先生の教えを乞うたが、日本の説話には、そういう例はまだ発見していないということだった。

ところが、昭和十九年の春、ビルマ戦線にいた富田新作氏から、わたしが読売新聞に連載した南方の星の記事を読んだという前置きで、同地方の星の名を幾つか報告されて、その一つに次ぎのような話があった。——

むかしインドにダシュルという王があって、宮殿の傍に貯水池を掘った。そこに清水がたたえられたが、まだくみ初め式を行わない先に、一人の男が天びん棒で水瓶をかついで来て、水をくみにかかったので、王は腹立ちまぎれに矢で、その男を射殺してしまった。そして近づいてみると、それは予《かね》てから孝行者で評判のサンワンという若者だった。

サンワンの両親は盲で、彼はいつも両親をかごにすわらせ、天びん棒でかついで歩いていた。この時も両親がのどが乾いたので、サンワンはうかうかと水をくみに来てこの不幸に逢ったのである。国王は今さらのように後悔したが仕方がない。そこで自ら水瓶をかついでサンワンの両親のところへ運んでやった。盲人たちは、声が息子とは違うのに不審を起して尋ねたので、王は仕方なく事情をうちあけた。盲人たちは、かつ悲しみかつ怒って王をさんざんに罵った。……

このあとはどうなったか、土人の話し手もあいまいで解らないそうだが、三つ星はこの孝行息子が両親をかついでいたバンギ（天秤棒）と伝えられる。そして、「日本でさそり座三星を、もっこをかつぐ星と称するのと似た見方です」と書き添えてあった。

わたしはすぐオヤニナイの原型はこれらしいと、小おどりした。孝行息子は果して病気の両親をかごに入れ、天びんで担いで歩いていた。

ところが、やがてわたしは、このビルマの説話が仏典の六度集経、菩薩談子経などにある商莫迦《サマカ》菩薩の孝養物語に出ていることを知った。仏の本地では、孝子は釈迦、国王は阿難、父母は浄飯王と摩耶夫人である。そして玄奘三蔵も、「大唐西域記」の健駄羅《ガンダラ》（七）に、この菩薩の遺蹟を見たことを書いている。

この有名な孝養物語が日本へも伝わって、ありがたい法談として善男善女を感動させたことはなかったか。そして、すでにカゴカツギボシと呼ばれていた星のかごの主が孝行息子に、かごの荷が病気の両親に変ったのではなかったか。この原話も他日どこかの農村で発掘されるかも知れない。

かせぼし（桛星）

かせは紡いだ糸をかけて巻く具である。「大言海」には「I字形ヲ成ス」と説明してある。カセボシの名は初め、磯貝勇、守屋重美、越智勇治郎三君が、別々に採集したもので、特に磯貝、守屋両君が石鎚《いしづち》山でこれを耳にしたのが興味がある。

石鎚山はいうまでもなく四国の名山で、いつぞやも放送で、「東がございしょで悪魔を祓う、ナンマイダンボ」という石鎚登りの唄が、野趣と哀調を帯びて聞かれた。

磯貝君は初め、瀬戸内海の因《いん》ノ島でカセボシの名を得たが、何の星とも判らなかった。石鎚山へ登ったのはその後で、昭和八年だった。

八月二十一日の早朝、寒さにふるえながら、土小屋（一四九三メートル）の番人の六十ほどになる婆さんが、オリオンの三つ星附近を指して、カセボシという名を教えたのです。三つずつ六つの星がカセになるといったが、私にはまだカセになっているのが、どう見ても実感が出ないのです。

とあって、同時に、

スマル、カセボシ、入る処《く》はあるが、わしらシソボシ入る処《く》ない

という唄を歌ってくれたと書いてきた〔しそうのほし参照〕。

磯貝君は、カセボシの大体の形を、サカマスボシの柄（小三つ星）を除いた部分だろうと判断したが、帰路、高知の土佐郡本川村で聞いたカセボシは、三つ星のことだった。守屋氏が石鎚に登ったのも、磯貝君とあまり日を隔てていなかった。宿は登山口の今宮で、北東の空だけが開けていた。

その夜、よく晴れていたので星をながめていると、同行の伊予の国の人が、ネノホシ（北極星）の話から、方角を知るには何もネノホシにかぎらぬといって、わし座のα（ヒコボシ）他二星を指し、それをカセボシということと、それが真東から出て、真西に入るので、方角を見るのに便利だと話してくれた。

すると、宿の主人が口を出して、「ここらでカセボシというのは、あの星ではなくて、

スマルサンが高く上った時、東の空に出る、同じぐらいの光の三つ星をいいます」といった。それで、なお念を押して聞くと、三つ星の他にも、それをはさむα・β二星をふくめている様子だった。

終りは越智君の報告である。四国のある山地で、当時六十七という炭焼のじいさんに逢った。いろいろ山の話を聞いている間に、星のこととなると、カセボシの名を教えてくれた。そして、その時には、「三つ星をかせの心棒と見て、わくの先をそれぞれαβγとすると明瞭にかせの形となると思います」と知らせてきた。

しかし、その後になって、同君は、

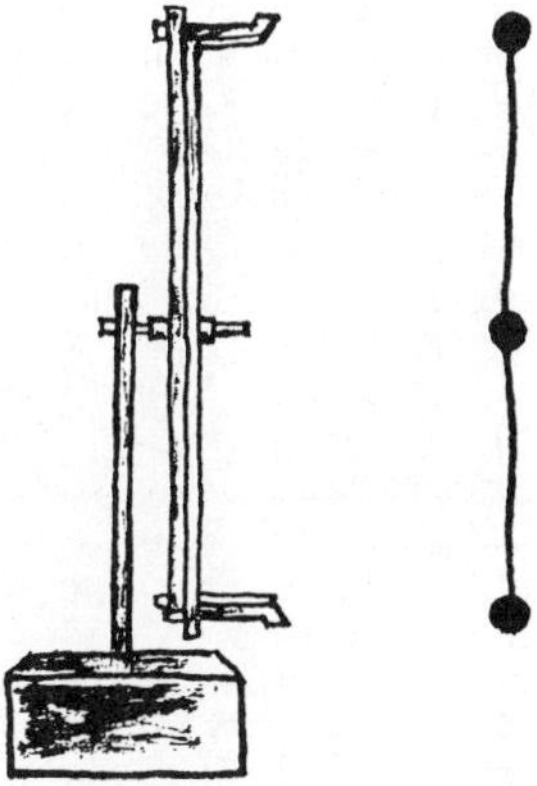
かせぼし

現住地（南伊予）では、カセボシは近所のおばあさんに聞きますと、やはり三つ星だけらしいのです。昔、子供が三人一直線に並ぶ場合、「カセボシサンのように並べ」といっていたそうです。しかし、なぜカセボシというかと聞いてもわかりませんでした。

と知らせてきた。これは実にいい話だと感心した。

その後、山田正紀氏の「瀬戸内海島嶼方言資料」に、カセボシ（志々島、上蒲刈島）、カセサン（小豆島）、カセイサン（豊島）などを見た。

また、守屋氏は、亡い祖母が「カセボシが……なれば、藍染紺屋は繁昌する」と話していたと報ぜられ、べつに松山附近では、「カセボシが宵に出て夜明けに沈むころ麦をまく」といっていると読んだ。これも明らかに三つ星である。

なお、初めの石鎚山の話に、ヒコボシ他二星をカセボシと聞いたとあるのも、あり得べきことで、例えば、オヤニナイボシが三つ星にも、ヒコボシ他二星にもいわれるのと同じ理由である〔その項参照〕。そして、後者が真東から出て真西に入って方角を見るのに便利だというのも、三つ星ほど正確ではないにせよ、よく星の出入りを見た言葉である。

たけのふし（竹の節）

唄のおりふし処で変る、変りがたなやたげのふしい

これは、八戸地方の盆おどり唄で、和泉勇君が、三つ星の方言タゲノフシと共に報じて

来たもの。土地は変っても、三つ星の間隔はいつも変りはないという意味であるという。

その直後、北見枝幸へ日食皆既観測（昭和十一年六月）に行っていた本田実君から、同地方でもいうタケノフシを知らせて来たし、また、岩手九戸の古里勝治氏も親類の老人から同じ名を聞き、三つ星が竹のようにまっすぐ、同じ間でならんでいるからだと教えられたという。

内田武志氏によると、富山市近在にタケツギボシがある。むろん、三つ星を継ぎめのある竹と見たので前と同じ見かたである。

わたしは、この方言から、インドで昔、三つ星をイシユス・トリカーンダー（三節の矢）とよんでいたことを連想した。ヴェーダ神話では、オリオンが鹿で、シリウスのムリガ・ヤードハ（鹿猟師）が射った竹の矢がその腹を縫っていると見ていたのである。

なお、上田穣博士は、前記本田君と同時に、北見の漁業組合長から、三つ星の異名サオボシ（竿星）を聞いたと報ぜられ、後に小島修輔君は渡島出身の戦友から同じ名を聞き、また能登の金田伊三吉、富山の林敏両氏の報告にも、姫路の玉岡松一郎氏の発表にも、サオボシがあった。これもタケノフシに通ずる見かただろうと思う。

これと同じ見かたに入れていいと思うのは、富山の下新川郡でいうダンゴボシと、兵庫室津でいうミタラシボシだろう。後者もくしにさした団子のことで、桑原昭二氏編「はりまの星」にある。

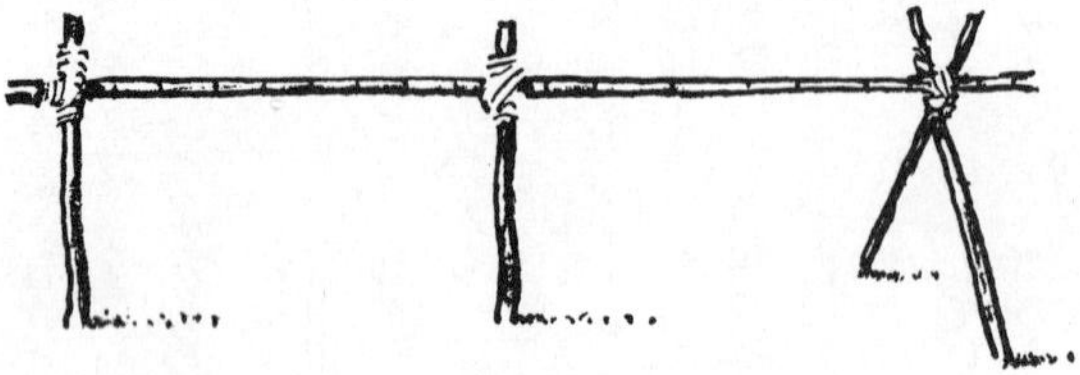

はざのま

はざのま（稲架の間）

三つ星の方言ハザノマを報ぜられたのは、玉垣弘八郎氏である。早大に在学中、穂高へ登山したとき、飛驒蒲田の人夫を連れて行ったところ、同人が三つ星のことをハザノマといった。理由を聞くと、「三つ星がならんでいる様子が、ハザの棒がならんでいるようなので、そう言っている」と答えたという。その後、わたしの子も上高地で、同じ名を蒲田の人から聞いて来た。

ハザは稲架で、普通はハサである。田の中やあぜに竹や木を組んで立て、刈った稲をかけて乾すものである。ハサノマは、おそらく、三つ星が西へまわって横一文字になった姿に、三本の柱でくぎったハサの横木を見たものであろうと思うが、玉垣氏は、三つ星が秋の刈り入れの前後、ハザの間から見えることも、この方言にふくまれているのではないかと書き添えていた。

わたしは、この名から信飛国境の連山の新雪が朝夕の眼にしみて来るころ、もう棒ばかりとなったハザの彼方に、三つ星のさし昇る光景を思い浮べた。その後高山に住んでいた女性から、そこで見る三つ星は、乗鞍の平たい頂上から現れると報ぜられて、この方言の実感がいっそう濃くなった。そして、それ以来長くたつが、他の地方からはハサノマ、または類似の名を入手していない。方言は面白いものである。

たがいなぼし（手桶荷い星）

わたしの甥は、隠岐島前《とうぜん》の黒木村でタガイナボシの名を聞いた。「タガは水桶で、それをイナウ（荷う）人の形で、スマリ（スバル）より少し離れて出る」といい、図を描かせたら、横になった三つ星と、その両端から、二つずつ垂れている小さい星を描いた。

次いで島後《とうご》の都万村で聞いたのでは、これはタガノババボシで、タガノババは水桶の棒のこと。三つの大きな星がならんでタガノババの形になり、左右に木のカギをつけた縄の形の子星が下がっていると説明したという。

この子星ははっきり判らないが、群馬でいうカゲサンジョウ〔いんきょぼし参照〕の両端の星にあたるのではないかと思う。そしてコミツボシについては、前記島後の漁村でタカノバより小さい三つの星をコタガノバボシとよび、前者とはすじかいの位置を描いて示したという。

この方言は、他の地方では発見されないし、島の荒浜の生活を眼に浮べさせる。

どよう さぶろー（土用三郎）

初め、越智勇治郎君から、愛媛の壬生川地方の漁夫たちが、

三つ星さまは、土用の一郎に一つ見え、二郎に二つ見え、三郎には三つ見える。

といっていると報告をうけて、わたしは、夏の早暁の水平線から、三日にまたがって一つずつ現れてたて一文字に出そろう星の姿を思い浮べて、それを初めて見とどけた漁夫の眼の確かさに感心すると共に、三つ星さまに対する信仰がこれに伴っていることをも考えさせられた。

そして、当時はこの地方だけでいわれていることと思っていたのだが、その後次ぎ次ぎと新しい資料を得た。

サンデエショ（三大星）が明方見えるのが、土用の丑の日。（宮城亘理郡荒浜）

三つ星が一つ出るのが初の土用、二つ出るのが中の土用、三つ出るのが末の土用として耕作の目標とした。（群馬沼田町）長谷川信次氏報

三つ星は土用の一番（七月二十日）から出て、三番（七月二十五日）までに全部出そろう。（富山新川郡経田）内田武志氏採集

土用三郎　三つ星といい、土用に一夜に一星、二夜に二星、三夜以後、土用中には三星見える。（三重北牟婁郡長島）川喜田千代一氏報

ここで初めて「土用三郎」の名が現れた。東京都江戸川区葛西および浦安でも、これと同じことがいわれているという報をうけた。

次いで、大分の中津地方で、

サンタロウボシ　　土用に入って、一夜に一つずつ、三日かかって現れる。

という報を、小倉シヅ子さんからうけた。三太郎星は、三つ星の異名と思うが、土用三郎との関係もありそうである。

さらに最近（三一、九）、天文学者村上忠敬氏からわざわざ報告された。——

去る九月一日、県下（広島）安佐郡佐東町緑井で、土地の老人二名（五—六十歳、PTA役員、農業）から聞いた話。

一、土用入りの日の早朝、三つぼしが一つ、東の矢口の山に出たら、市場へ行くために家を出る。その翌日は二つ出たとき、その翌日は三つ出たときとしてある由。矢口の方面の山は低いので、午前四時頃にあたりましょう。緑井は広島市の野菜供給地で、青物市場のことです。

これに附記して、

二、夏至の日には、深川《フクワ》山にシマルが出たら仕事に出る。深川方面には山脈があるので、やはり四時すこし前頃でしょうか。シマルはスマルの転化と思います。（ただし、土地の人は、半夏と夏至とを一しょにしているようなところがある）

とあった。

　こうして、この伝承は漁村ばかりでなく、前掲の群馬の例と同じく、農村でもいわれていることがはっきりして、興味は一段と加わった。土用は七月二十日で、当日の日の出は四時四十分であるから、それに先だつ薄明の時間を思うと、三つ星の出は、今でもこの見方で通りそうである。そして、土用三郎はいかにもいい名だと思う。

　ちなみに、内田武志氏によると、静岡附近では「三つ星は土用の入りから三日目に出る」「土用に入って三日目に、東の伊豆山の三間上に見える」などといっているそうである。

　わたしは初め、この次ぎ次ぎと海から現れる三星の話を聞いた時に、住吉三神――上筒男、中筒男、底筒男の神話を思い出した。

　古事記には、伊弉諾命《イザナギノミコト》が日向の小門《オド》の橘の阿波岐原《アワキカハラ》でみそぎを行うと、この三神が海の底、中、表面から次ぎ次ぎと生まれたとあって、ぞくぞく創造された神々の中では、何か特殊なものが感じられる。そして後に、いわゆる神功皇后の三韓征伐の時、筑紫の香椎宮で武内宿禰に神託をさずけたのもこの三神で、それを船に祀って、無事に新羅へ渡ったとある。

　この由来から住吉三神は、航海の守護神として仰がれているのだが、わたしはこれを海に関係のある星の神格化と考えてみた。すると、土用三郎の異名もある三つ星以外の星は求められない。むろん、相次いで海から昇るのは土用に限らないし、これの出が海上で方角を教えて漁夫の守りとなり、さらに漁獲の導きとなって感謝されている事実を思うと、神功皇后の物語を別としても、住吉三神を三つ星の権化と見るのはそう無理ではないようである。

こみつぼし（小三つ星）
いんきょぼし（隠居星）

——オリオン c θ ι——

三つ星の昇りはじめには、その右下に斜めにならんで見える小さい三星をコミツボシという。これは自然な名で、ほとんど全国でいわれる。

群馬地方では、三つ星のサンジョウに対し、これをコサンジョウ（小三星）という。時にサンジョウサマの足ともいう、と長谷川氏から報ぜられた。

同じくコミツボシを三つ星に従属するものと見て、

ミツボシノオトモ（静岡駿東郡）　トモボシ（群馬沼田町）

インキョボシ（静岡小笠・富士郡、千葉地方）　マネボシ（江戸川区葛西）

などの名がある。

さらに内田氏によると、静岡地方には広くヨコミツボシ（横三つ星）の名があり、青森下北郡では三つ星をタテサンというに対して、ヨコサンというという。愉快な名である。変った名には、土佐吾川郡に、三つ星、小三つ星を併せて、スゴロクボシ（雙六星）がある。

これらは多く山村・農村の小三つ星であるが、水産研究所附属の船長石橋正君は、東北生まれの船員から、タケノフシ（三つ星）には、ボンデンボシ（梵天星？）がついていると聞いた。そして、ボンデンは延縄《はえなわ》、または流し網につける鳥の毛などの目じるしで、また、船のヘサキ飾りをもいうが、これは小三つ星のことらしいといってきた。

この星名は以前、青森八戸の和泉勇氏からもボンデンとして報ぜられ、「漁具の一種と辞林にはあるが、不明」と書いてあった。しかし、その漁具が果して石橋君の報告のものをいうのだろうか。

なお、群馬利根地方には、カゲサンジョウ（影三星）という名がある。長谷川信次氏はわたしの問いに対して、「これはコサンジョウとは違います。三つ星と平行していて、月のある晩は見えぬと、説明した老人はいうていました」と、図をも添えて来た。

それによると、三つ星のすぐ右に平行している31と、中央の小さい無名の星と、σとを指すものらしい。ともかく、これも尾瀬沼も近い山間の霜夜の星を想わせる名である。

終りに注意したいのは、地方により三つ星とコミツボシを併せて六星と数え、「ムヅラ」と呼んでいることである。

わたしの甥が岩手下閉伊郡で聞いたのでは、「ムヅラは四角の中に三つある星」で、四辺形に囲まれた三つ星とコミツボシをさし、同九戸では、大いぬ座の主星（シリウス）をムヅラノアトボシといって、「ムヅラから測って六寸の距離」といっていた。

倉田一郎氏の「佐渡海府方言集」に、

ムツザ　星座の一。 の如く、やや大きな三星とやや小さな三星とが鋭角に並んだもの

とあるムツザも明らかに、前記のムヅラである。

また、静岡の一部でいうムツナリサン、ムツガイサン、ムツボシサマ、及び房州白浜の漁夫のいうムツボシも、三つ星とコミツボシを併せたものをいうとある。

ついでに、西にまわったムヅラは、ガンダレ（厂）の形に見える。これを福岡地方でガンダレボシというと、故平山博士が同寺尾博士から聞いたといわれた。

からすきぼし（柄鋤星）――三つ星と小三つ星――

　これは三つ星の異名として、最も古いものではないかと思う。文献としては、慶長二年の「易林本節用集」に、「参《シン》犂星《カラスキボシ》」とあるのが最も古いらしいが。農具のカラスキは、「倭名抄」に「農耕具、犂、墾レ田器也、加良須岐」とあるが、正倉院の御物には、すでに、子の日に皇族に賜わったという装飾用の手《て》辛鋤《からすき》と玉箒《たまははき》が一対残っている。従ってその伝来の古いことも、また、子の日の辛鋤が「帝王躬《みずか》ら耕す」の象徴で、この農具が最も重んぜられていたことも判る。

　それで、わたしはしばしば星の名のカラスキも、当時農夫の間でいわれていたのではないかと考える。そしてすでにいわれていたスバルに飛鳥・奈良の宮媛たちを想うし、カラスキボシには、青垣山こもれる大和国原の土の香を空想する。

　ところで、室町中期の前記「節用集」以来、江戸時代のものには、貝原考古の「和爾雅」を初め、ほとんど全てにカラスキボシを挙げている。たとえば、安永の「物類称呼」には、

参　しん　からすきぼしと云、二十八宿の内也　中星横につらなりたる三の星を、江戸にて三光《くわう》といひ、又三つ星《ぼし》といふ、関西にて親になひ星と云《いふ》、東国にて三ちやうの星と呼《よぶ》、武蔵の国葛《か》西《さい》にてさんかぼしといふ。

とある。

二十八宿の参は、正しくは十星で、オリオンの頭部を除いた部分に当る。しかし初めはやはり三つ星から出た名で、中国でも一般には、「参」を三星と見ているらしい。

それはさておき、参の三つ星をどう見たら、農具のカラスキになるのだろうか。わたしはこれが久しく疑問になっていた。たとえば、「大言海」にも「からすきぼし」を「犂星」として、「三星列シテ犂ノ如クナレバ云フ」とある。そして、「からすき」を引いてみると、語原を「柄鋤」として、「柄ハ曲ガリテ、刃広キモノ。牛馬ノ背ニ牽綱《ヒキツナ》ヲカケテ田畑ヲ耕スニ用ヰル」とある。すると、三つの星が等距離にならんでいるだけでは、柄鋤《からすき》に見えないわけである。

ところが、昭和十年の春、わたしは初めてこの疑問が解けた。紀州道成寺に近い農村でいうカラスキボシは、三つ星だけのことではなく、それと附近の星とを結んで、曲がった柄のスキの形と見たものであると聞いた。それでオリオンの略図を送り、土地の故老に聞きただして線で結んでもらった。

からすきの図
——「大和耕作絵抄」石川流宣画——

その結果、カラスキボシは三つ星の第三の星を、その右下のコミツボシとつないだもので、大体L字の足を下へそらせた形をいうものと判明した。つまり、三つ星が柄で、それがコミツボシに至るカーブが、牛をつなぐサキに当るわけである。

これで、わたしは大いに満足したが、やがて、群馬利根郡の長谷川信次氏から、同地方で「三つ星とコサンジョウとをつないだものをカラスキボシという話です」と知らせてきた。

またその後、奈良榛原町の辻村精介氏が生徒から集めた星の方言集「宇陀の星」の中に、カラスキボシの図を掲げてあった。これは前記の見方を逆にしたもので、三つ星がサキになっていた。そして、「カラスキは豊作を助けてくださる星で、不作な年の前年には大きくなる」と註があった。

次ぎに台湾にも日本と同じカラスキの見かたがある。これは台北の「天文通訊」にあった記事で、中南部地方では、三つ星とコミツボシとを結んで、鏵壁星、一に鏵尾星といい、「農夫田裡に在りて用うるところの鏵に類似するに因りて名を得たり。日本の犂星（カラスキ）と相符す」とあった。

このむずかしい字は、犂の新字なのだろう。おそらく中国大陸にもある名ではあるまいか。そして、日本のカラスキと偶然の符合か、あるいは何かの関係があるか、問題に残しておいていいと思う。

さて、カラスキは転訛してカラツキ（新潟・福井・隠岐等）、カナツキ（広島・丹後・壱岐等）となっている。磯貝勇君の「丹波の星」には、舞鶴地方では、「カナツキは七月も二十日頃になると、朝早く東になる。漁夫は、サバ釣りのころ、今カナツキサンが出られたで釣れるぞなどという」とある。

なお、長野の北部で、三つ星をスキガラボシといい、上州浅間温泉でも同じ名を聞いた某氏がある。

わたしは、これもカラスキの転訛だろうと思ったが、長野の宇都宮貞子夫人は、「スキガラはスキの刃をはずしたもので、クワの場合はクワガラという。信州には鋤柄という姓がよくある」云々と書いている。すると、三つ星の一文字だけをいうのだろうか。

この他、カラスキと同じ見かたと思われるものに、

マグワボシ（奈良宇陀、岐阜谷汲）　マンガボシ、クマンデボシ（大分地方）

などがある。マグワ（馬鍬）、マンガは、水田をカラスキですいて水を入れた後、牛馬に引かせて泥をならす農具で、これもカラスキに似た結びかたではないかと思う。

終りに、一般には三つ星即ちカラスキと考えられている。初めに引いた「大言海」の「からすき」の説明がそれである。そして、今でも群馬・愛知・三重・奈良・和歌山・福井・兵庫・愛媛・熊本などでいうカラスキは三つ星である。

さかますぼし（酒桝星）

昔の紋帳を見ると、正方形に短い柄のついたものにサカマス（酒桝）と名づけてある。星の名のサカマスも、直接に、この紋から来たものかも知れない。即ち、三つ星をその右の一星（η）、及び右下のコミツボシと結んだ形で、コミツボシが桝の柄にあたる。

文化年代に、島津藩で編んだ「成形図説」には、

酒量《サカマス》、一名柄附量《エツケマス》、参伐星ノ形、是ト似タリ、故ニ酒量星ノ名アリ、此器、酒、醋、油ヲ料ル

とある。参《シン》は三つ星、伐《バツ》はコミツボシの漢名である。

この三つ星を一辺として作った正方形に柄をそえた形は、全天でも稀に見る整斉美で、さらに外まわりの大四辺形に入れこになっているので、その美を強調する。外国のある星図にも、同じ結びかたをしているのを見たが、特殊の名はなかった。これを酒屋の桝に見たてたのはいかにも簡素で、日本の星名の最も優秀な例である。

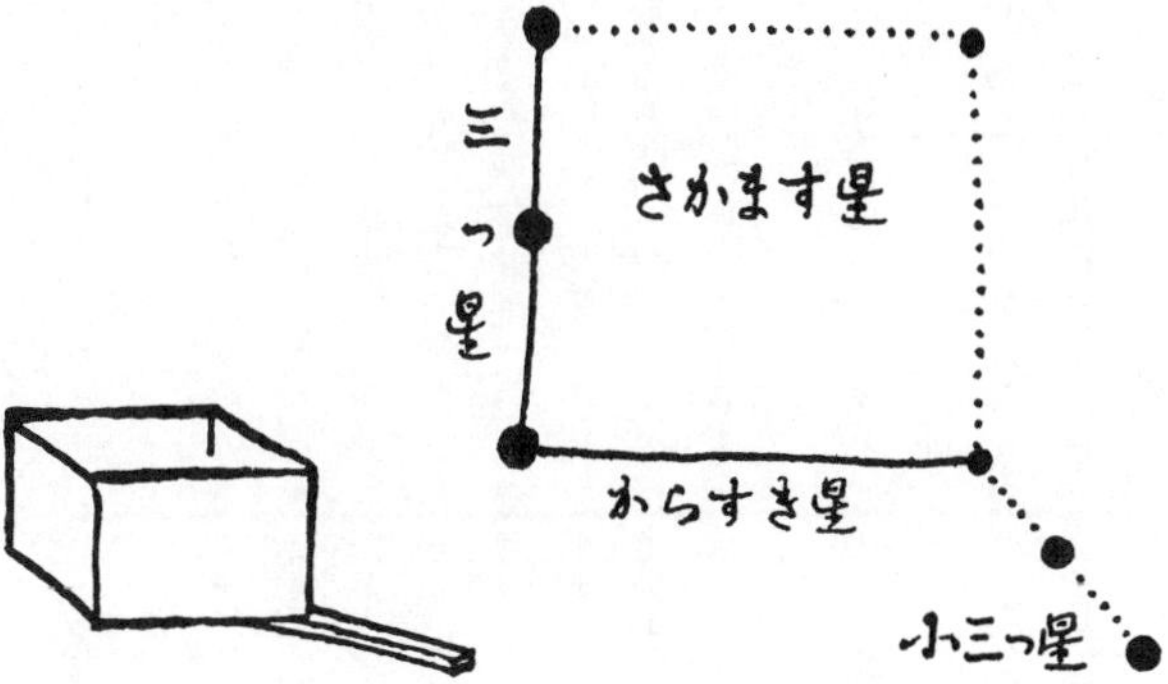

さかますぼし

わたしが初めてサカマスボシの名を知ったのは、伊予壬生川の越智君からだった。その手紙に、二十六夜待ちに内海から昇る下弦の月が、言い伝えのような三体になって見えないのには失望したが、サカマスさんの美しさにはつくづく見とれたとあり、また、「サカマスさんが宵に昇るようになったら、新酒ができると、酒好きの父はいいました」ともあって、白みはじめる内海の星と、さわやかな潮風が感じられるような気がした。

　その後サカマスボシの方言は、北は山形・秋田・北海道の江差から、南は九州に及んでいることを知った。東北の朝日岳の北、大鳥部落のマタギ（猟人）からも、ムツラと共にサカマスボシの名を挙げてきた。

　ただ九州南部では、サカマスを北斗七星と見ている傾向がある。例えば、「肥後南関方言類集」には、

サカヤンマッスサン　北斗星。此星の有明に現れる頃が麦のシヲ（蒔き時）なり

とある。これは季節から考えて、どうもオリオンらしいが。

それから福里栄三氏の「南方薩摩方言集」にも、「サカマイドン・サカマシ」に北斗星と註し、鮫島松下氏の「種子島方言集」にも「サカマス　北斗七星」となっている。これらは九州地方の酒桝そのものに理由があるのかも知れない。

また熊本北部にはサカマス（北斗？）に対し、夏の空にも「大きなサカヤノマス」があるといい、某氏はそれをペガススの大方形に、アンドロメダ座の一文字を柄につけた形であると語った。越後の村上地方にも同じ見かたがある〔ますがたぼし参照〕。

それから、早川孝太郎氏の「鹿児島悪石島見聞記」に、

サマスボシ　スバルの東に指桝の形に見ゆ

とある。サマスはどんな桝か知らないが、やはりオリオンのサカマスのことだろう。

また、川口孫治郎氏が「自然暦」に引用された、福岡八女郡野添でいう、

合桝が夕暮に山から三、四間に見える頃、カモの来盛り。

に、「ゴーマス（合桝）、ヒシ形に柄をつけたような形」と註しているのは、もちろん◇で、サカマスである。及び、金崎常和氏報の同県田川郡伊田新村でいうコナガラボシも、同じ形を二合五勺《コナガラ》桝と見たものらしい。なお以前、東京で方言研究家が落ちあった時、佐賀出身の金子氏が祖父から、北斗をアブラマス（油桝）として教えられたというと、喜界島出身の岩倉市郎氏が、「喜界では三つ星と他の星とでできるマス形を、アブラゴウ（油を入れるゴウマス）と呼んでいる」といい、共に外へ出て、星を指して語りあったという。磯貝君から聞いたが、わたしにはうれしい話だった。

終りに内田氏によると、鹿児島の枕崎には、

スバイ（スバル）が酒を飲んで、その酒代を払わずに逃げたので、その後を酒屋のサカマスが追いかけて、西方でようやく捕えたので、沈む時はいっしょになる。

という伝承があるという。

これはギリシャ神話で猟夫オリオンがプレヤーデスの七姉妹（スバル）を追っていると

いい、また、わがアイヌ伝説で、三つ星を三人の若者、スバルを追われて逃げる六人の娘と見ているのなどと同じ見かたである。

別に呉市の吉浦の漁夫は、カゴカツギ（さそり座の三星）がサカマスボシに酒かすの代の借りがあるため、サカマスが出ている間は姿を見せないという〔かごかつぎぼし参照〕。それは、相似ている三星が空で百七十度を隔てているため、同じ季節には現れないことから生まれた口碑で、サカマスは三つ星の異名になっている。前記のカラスキもこれと同様で、原形を指せる人は地方にも少い。

共に星の追いかけくらの説話だが、日本としては珍しい上に、村の居酒屋の出来事に結びつけていることも、あくまで日本のもので微笑を誘われる。

終りに、サカマスを略したマスボシは、群馬や和歌山の一部でもいわれるが、秋田・青森・福井地方ではこれを北斗七星にいっている。

よこぜき（横関）

この異様な星の名は、二十数年も前、山口麻太郎氏の「壱岐島民俗誌」に、スバルは九つ、横関や七つ。

という俚諺で現れた。氏はその以前、雑誌「旅と伝説」で新村博士にあてた文中に初めてこれを発表して、「横関とは北斗七星らしいのです」と註していた。

これを読んだ時、わたしも七つの数と、意味はまだよく判らないが「横」に引きはえているらしい形とから、北斗だろうかと思った。

しかし、その後この名は円田陽一氏の「全長崎歌謡集」の中に、

スバル九つ、横関さんな七つ、合せ十六どま、さまじょの歳。

として出て、註に「よこぜきは星の宿りの名、三星一列に並ぶもの」とあり、「さまじょ」は愛人のことであるという。すると、横関はオリオンの三つ星である。そして、「九つ」も「七つ」も星の数をいうのでなく、七つ時、九つ時の意味らしい〔すばる参照〕。

その後、桜田勝徳氏の「漁村民俗誌」の「星アテ」の名の下に、

鐘崎では三星《みつぼし》、ヨコセギ（野北ではヨコスギ）

とあった。鐘崎は福岡の宗像郡、野北は同糸島郡である。

これで、横関ははっきり三つ星と見当がついたが、名の意味が判らないので、磯貝君を通じて、桜田氏の説明を乞い、ノートの写しを入手することができた。それには、

ヨコスギは桝に柄をつけた形の◇星座である。此星はスマルよりも遅く上ってくる。スマルが上って一時すると、スマルよりも少し低い東の空に此の星が出て来る、そうしてスマルの通る筋よりも少し低い筋をスマルを追うて西へ行く。ヨコスギが没する頃に夜明けの明星が現れる。

とあった。図の◇は明らかにオリオン座のサカマスの形である。

これは、後に鹿児島川辺郡枕崎に、

スバイ九つ酒桝や七つ、合せ十六、主の年。

とあるので、いっそう明白となった。

しかし、横関の意味はやはり判らない。桜田氏はヨコスギを「漠然と横に過ぎて行くように聞いた」という。その後、宮良当壮氏の採集には、

スバリや九つヨコジキや七つ、合せて十六、嫁ざかり。

とあったし、熊本の前五高生だった片桐大自氏からは、島原市附近では、三つ星をサンタイヨコジキサマというと報ぜられた。

また高知吾川郡御畳瀬村では、ヨコゼリで、「春、西南の間に、これが出ると花ぐもりになる」と、村上清文氏の報にある。同じく横関の訛りらしい。

いずれにしても横関の原意はつかめない。わたしは、あるいはこれが、しばしばある地名に因む星名ではないかと、地図を検べたり、その姓の人に当ってみたりした。そして、ほとんど断念してしまった。

ところが、この数年、水産研究所附属の船長石橋正君が、わたしのために星の和名を熱心に漁って、「横関」をもいつも忘れずにいてくれた。その結果、一十八年の二月、ついにそれを突きとめた。それは、諫早市の北村敏資氏からの話で、

島原地方では、オリオンの三つ星をたしかにヨコゼキさんと呼んでいまして、これは有明海でエビを漁獲するために用いている刺網（サシアミ）の一種であります。どんな種類のエビをとるのかまだ判りませんが、おそらくは底刺網《そこさしあみ》であろうと思います。

とあって、図を添えてきた。長方形の網を何枚か横に列ね、上にはウキ、下にはオモリを下げて海底に張るもので、ヨコゼキはその一枚ずつを酒桝星の形と見たものらしい。これらを漫然と三つ星と呼ぶこともよくある例であった。

これで二十年来の横関のなぞがようやく解けた。なお石橋君は、「夜、網を海中で操作しますと、夜光虫や、エビが美しく輝いて青白いボーッとした光を放つのが、小三つ星あたりの星空を、想像させます」と書いていた。

へいけぼし（平家星）
げんじぼし（源氏星）
――オリオン α・β――

これは三つ星をはさむ二つの一等星αとβとを、赤い色と青い色とでいいわけたすばらしい方言である。まず順序として、この二星の和名は、なかなか入手できなかった。初めに報ぜられたのは、

ワキボシ（脇星）　福井小浜地方

で、藪本弘氏からだった。三つ星の両わきにあるからである。

次ぎに、旧「旅と伝説」に、

カナツキノエーテボシ（相手星）　壱岐島

が載っていた。カナツキはカラスキ（三つ星の意）で、α・βをその相手と見たもの。漁夫は夜の時刻や漁季を測るのに、スバルや三つ星を見るが、それらが雲に隠れていても、エーテボシが現れていれば、それらの位置が判るといっていたとある。

戦後、地質学者大平成人氏が、石川県輪島の漁夫から聞いた名も、壱岐でいうものと共通で、

カジボシ（北斗）やネノホシ（北極星）をアテにして船を進める。カラツキの両がわにある二つの大きな星をカラツキノアイテという。云々

と語ったという。

また、内田武志氏が初め採集した二星の名は、

ムヅラバサミ（六連挟み）　岩手気仙郡

で、この場合のムヅラは、三つ星とコミツボシを併せた意味である〔こみつぼし参照〕。しかし、その後になって、

カナツキノリョウワキダテ（両脇立て）　京都府竹野郡間人町

を発表した。

いずれも甚だ自然な方言だが、慾をいえば三つ星に従属する名で、サキボシ・アトボシなどの名と同様、α・βの定称とするには、やや物足りなかった。

ところが昭和二十五年の末に、岐阜の揖斐郡横蔵村の香田まゆみ君から飛びこんできた名が、初めに出したヘイケボシとゲンジボシで、手紙にこうあった。——

村の古老に尋ねると、炉の灰の上にシダの葉柄で、三つ星とα・βからすきぼしと云、とを示すような図を描いて説明してくれました。子供の時からいいなれた名だということで、ただし説明は、右が平家星、左が源氏星とあべこべでした。

「ふたありとも、おっきいお人じゃ」

この他にも、同じ名をおじいさんから聞いたという子供が二、三人おります。源平の美濃合戦以来、源平（白・赤）の観念がしみこんでいるのでしょう。揖斐の山村には、当村を初め、自称平氏の落人部落がいくつもあります。

この方言のすばらしさは、α（ベテルギュース）の赤い色と、β（リゲル）の青白い色との著しい対照を、平家の赤旗、源氏の白旗に見たてたことで、農民の眼のたしかさには感心させられた。ふたご座の二星をキンボシ、ギンボシと呼んでいるのもそれである。しかも色でいいわけた例は、わたしの知る限り、外国にもないようである。

つづみぼし（鼓星）――オリオン全形――

三つ星は、二つの一等星――ヘイケボシとゲンジボシに、二つの二等星を加えた長大な四辺形で囲まれている。静岡榛原郡ではこれをヨツボシ（四つ星）と呼ぶというが、この上下の二辺を三つ星の両端につなぐと、杵《きね》、または鼓の形に見える。

まだ東の空で三つ星が立っている間は、鼓を横においた形、西の空に移って横一文字になると、鼓を立てた形で、三つ星は胴をしめる緒となる。

これはツヅミボシの名を自然と思わせていたが、戦後に歌人山田清吉氏が、大阪の人からその老母がオリオンをツヅミボシといっていたという話を報ぜられた。また磯貝勇君は、綾部市でこの名を採集した。さらに、甲府の矢崎豹三君は、古稀に近い姉が娘のころ、江戸から来て住みついていた侍の未亡人で遊芸の師匠をしていたひとから、オリオンを指さしてツヅミボシ、同じくスバルをカンザシボシと教えられたという話を伝えてきた。すると、これは古い名であった。

もう一つ、最近になって静岡の海野一江さんから、八十を過ぎた老人が子供の頃から知っていた名としてクビレボシを報じてきた。ツヅミボシと同じく、オリオンの胴のくびれをいうもので、静岡市の西海岸広野の漁夫の間に生まれた名だという。これも星座の全容をよく捉えたのに感心させられた。

終りに、川喜田千代一氏のたよりに、伊勢の相賀町の漁夫が、三つ星を囲む大四辺形をソデボシ（袖星）というとあった。三つ星を染めだした空の片袖はすばらしい。

あおぼし（青星）
おおぼし（大星）

——大いぬ α——

三つ星の直線を東南へ二十度ほど延ばしたところに、大いぬ座の主星シリウス——漢名の天狼がらんらんときらめく。青きが中の青い星で、アオボシの和名はずばりである。この名は、上田穣博士が、昭和十一年六月、北海道の皆既日食へ行かれた当時、北見の漁業組合長から聞いて報ぜられたのが最初で、またシリウスの最初の和名でもあった。そして同時に、本田実君が枝幸の漁夫から別名の（カラスキノ）アトボシを聞いて報ぜられたのも奇縁だった。

その後、能登宝立町の金田伊三吉君から、

スバルを先頭とするアカボシ（アルデバラーン）、サンコウ（三つ星）、アヽ、アオボシ、の一列は、イカ釣りを専門とする漁夫仲間で常に用います。

と報じてきた。そして同じ能登の輪島で、大平成人氏が逢った漁夫は、カラツキの話〔その項参照〕のあと、

その下からアヽヽヽオボシといって、大きなぎらぎらした星が出てくる。もうアオボシが出たから夜明けが近いという。また、これが夜明け前に出る頃はよく風が吹くので、カゼボシともいう。

と、星のならび方を棒で砂地に描きながら説明してくれたという。すばらしい話で、カゼボシ〔風星〕の名にも冬の日本海の波しぶきがしのばれた。

また、石橋船長の手紙にも、八戸鮫町のイカ漁は「スバルの出」に始まり、「アオボシの出」に終るとあった。

なお、桑原昭二氏の「はりまの星」に、高砂の漁夫が、イカビキボシ〔烏賊引き星〕といって、「秋の頃から見え、四月頃に沈む大へん明るい星で、これが上ってくるとイカの季節になる」というのも、シリウスに相違ない。そしてイカ漁のアテボシとして、これを三つ星のアトボシと見ている地方が多い〔あとぼし参照〕。

次ぎにこの光の強い星に、

オオボシ（大星）広島・香川・高知・三重

の名があるのも自然である。呉の吉浦の漁夫は、「オオボシは三つ星をたどって行くと出会う大きな星だ」と、畝川哲郎君に教えた。

同じく土佐吾川郡御畳瀬の村上清文氏から「オオボシはスゴロクの下の赤い星をいう」と報ぜられた。スゴロクはオリオンのめずらしい方言である。ただ、「赤い星」は話者の誤りだったろう。

なおオオボシは、舞鶴辺でいうカナツキ（カラスキ）ノオオボシ（尾星）のように訛られる例もある。また、宵（暁）の明星の異名として、瀬戸の島々初め諸地方でいわれる。シリウスはこの他、岐阜の谷汲地方ではエヌグボシ（絵の具星？）という。おそらく、絶えず色を変えるための名だろうか。また、秩父の吉田町でユキボシといい、雪の近いことを教えるという。前記カゼボシと並ぶいい名である。

さんかくぼし（三角星）
くらかけぼし（鞍掛星）
――大いぬの尾――

アオボシ（シリウス）から南へ眼を移していくと、犬の尾にあたる部分に、三つの二等星があざやかな直角三角形を描いている。これにサンカクボシの和名があるのは甚だ自然である。

この名は誰にも天馬の大方形の下に位置する三かく座を思わせる。和名にも時にそれらしい話に逢うことがある。しかし普通にいうサンカクボシは、三つ星・アオボシにつづいて自然と眼をとらえるこの直角三角である。

かつて、陸前阿武隈河口の荒浜村の漁夫は、わたしの甥に、星アテの話をしてくれて、その一つに、

> 沖から帰って来る時は、マツグイとサンカクをアテにする。どっちも天井から少し北に下った辺を沖から山の方へ動く。マツグイは戌《いぬ》の方へおさまって、二つ並んで負けずにピカピカ光る星。サンカクは亥《い》の方角へおさまる三角がたの星だ。

と教えた。

このマツグイは、ふたご座の二星（α・β）で、静岡地方でカドグイ、またはモンバシラというのに相当する。そして、内田氏は、焼津町で「モンバシラよりおくれて出る三角形の星」をミボシといい、庵原郡袖師村ではこれをサンカクといって、「三つ星の後に見える三角に並んだ星」と書いている。また、岩手気仙郡で冬の宵に東南方に上る星をサン

カクボシというのをも引いている。

さらに、山形県越戸のマタギ（猟人）部落で、甥が採集した星名には、

稲こきと石臼ひきは秋の収穫時から雪の下りる直前まで女の夜なべ仕事である。時計のないころは、サンカクボシ∴の位置で見当をつけた。「サンカクサマがお入りになるから、もう仕事を休もう」などといった。

とあった。

これは奈良県の宇陀で、サンカクボシを「三つ巴のように三角に上る∴。村に時計がなかったころ、時間を知った」と、辻村精介氏が報ぜられたのに通じていて興味が深い。

なお、静岡の用宗の教官某氏は、新島で△の星をウロコノホシといい、「……でウロコの星よ」という俚謡を聞いたと教えてくれたが、サンカクをいうのかも知れない。

つぎに、内田氏によると、サンカクの異名に、

クラカケ（鞍掛け）　焼津町その他

がある。鞍をかける台の形に似ているからだろうとあったが、趣きの深い名で推称に値いする。農家に親しみのある道具であり、東京にも鞍懸橋が残っている。

もっとも同じ焼津でも長田茂雄氏の話では、クラハシ（倉の端）である。土佐吾川御畳

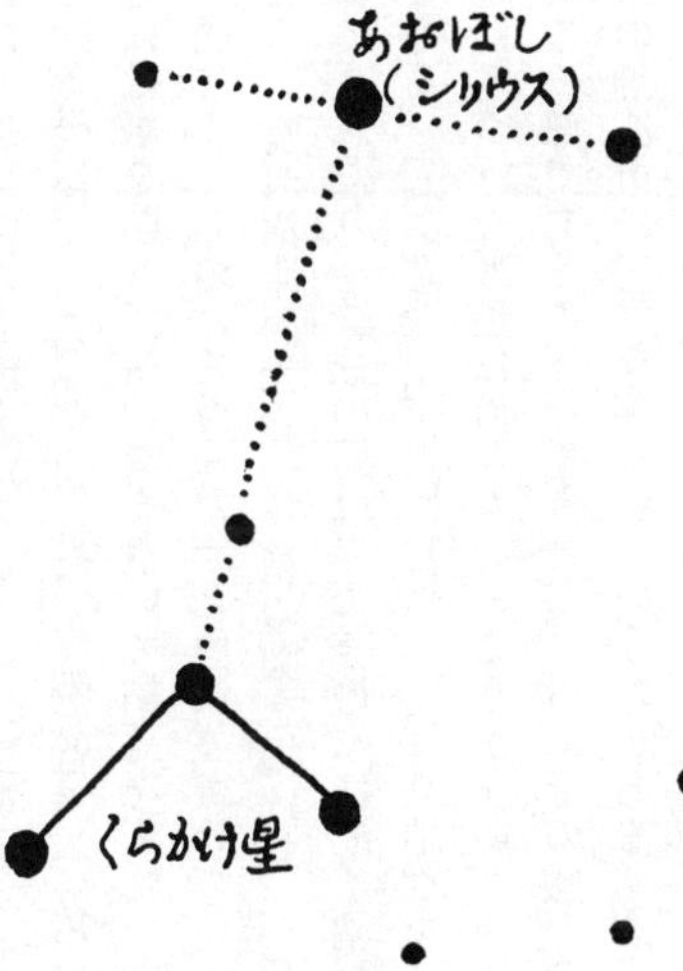

くらかけぼし

瀬の村上氏からクラノムネ（倉の棟）という星を知らされたが、やはりこれで、冬の朝三時ごろ西に入るというのも事実に合っている。ただし、それより狭いものを、ナヤノムネ（納屋の棟）というのは何の星とも判らない。

さらに内田氏は、焼津町の老漁夫から、この三星をナットウバコ（納豆箱）という名を聞いた。そして、「近い頃まで静岡市附近の寺納豆は、三角形にヘギ板を曲げて作った曲げ物の、底と蓋には紙を貼り、檜の葉を敷いて納豆を入れたもので、後で空箱は、児童は納豆帽子として頭にくくしつけて遊んだ」と興深く書いている。

「耽奇漫録」にも、駿河沼津西光寺納豆箱の図を掲げて、「右の納豆箱の中に、あをきの葉に納豆を包みて入れたり、駿豆の間は寺より檀家に配る納豆箱、今もみな三角なり、古の遺製なり」とある。「七部集」の炭俵には、「くばり納豆を仕込《シコム》広庭　孤屋」という句がある。これを星に名づけた野趣は何ともいいようがない。西洋では大いぬ座の尾、中国では天狼を射る弓の一部であることを思うと、さらにその感が深い。

なお、奈良県の丹波市にアブラゲボシというのがある。油揚げの三角形をこの星の群れに見立てたものかと思ったが、「夏で方角が北」とあるのでは失格らしい。

いろしろ（色白）――小いぬ α――

大いぬ座のシリウスに対し、その北に天の川を隔てて、小いぬ座のプロキオーンが輝いている。このギリシャ名は「犬の前に」で、前者より少し先に昇るからである。光はやや劣るが、やはり青い一等星で、当然和名があるべきだった。

ところが、三重の相賀町では、

オオボシは、八月末の午前三時ごろ東の方角から出る星で、べつに「小さいオオボシ」が、それより二間ほど北の方角に、二時半ごろ出る。

といっていると、川喜田千代一氏から報ぜられた。

オオボシは、その時刻から測ってシリウスに違いないので、それより先に出る「小さいオオボシ」は正にプロキオーンに当る。これは二つの一等星を大小でいい分けた名だが、この星の和名の最初のものだった。

その後内田武志氏は、宮本常一氏の「出雲八束郡片江民俗聞書」から、

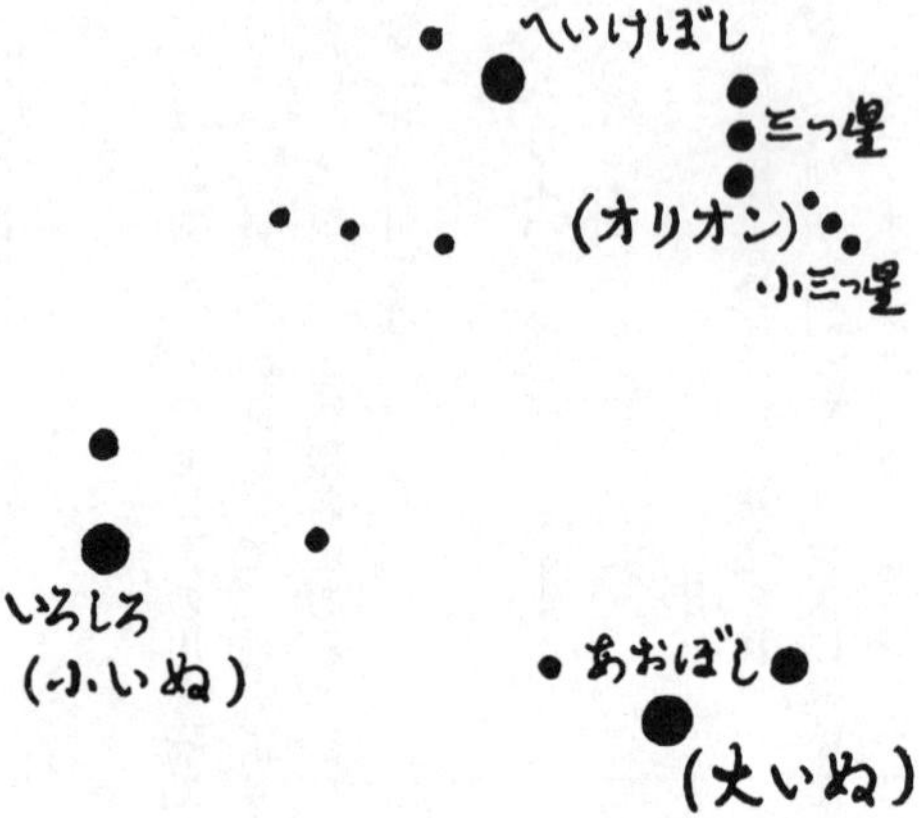

いろしろ

シマル（スバル）の下に出る星でイロシロというのがある。このイロシロと殆ど同時に、南ノイロシロという星もでる。この星が東天に現れる時分、戌亥の空には七夕星が水平から一間ほどの処にある。

とあるのを引いて、前者をプロキオーン、後者をシリウスと判断していた。

スバルを規準にしたのは遠きに過ぎるが、（北ノ）イロシロ、南ノイロシロは、確かにこれら二つの一等星の位置と色の印象とをいい表わしたものに違いない。そして、これも相対的の名だが、いかにも日本人の眼と感覚とが生んだ優しい名であるのに微笑させられる。

めらぼし（布良星）
ろうじんせい（老人星）　　——アルゴ α——

これはアルゴ座の一等星カノープスの和名で、昭和七年の冬、初めて静岡在住の内田武志氏から報ぜられた。

この星は、中部地方の緯度では、一月から三月へかけ、南の地平とすれすれに濛気の中でどんよりと赤く輝き、間もなく引っこんでしまうので、天文ファンのあこがれになっている。わたしは関東大震災のあと、偶然野づらの果てに見とどけたのだが、その後も数回しか対面していない。

内田氏はわたしの判断をも聞いてから、「静岡郷土研究」に次ぎの文を発表した。――

伊東の老漁夫の語る処によると、自分が二十歳の頃マグロを釣る縄船が盛んだった時代に、稲取港から三平丸という漁船に乗込んで出航した。ところが南東方約五十浬の地点で、生死も危ぶまれるほどの大暴風雨に遭遇した。

その時遥か水平線に大きく明るい一つの星が見えた。すると同船していた房州布良《めら》港出身の一老漁師が、あれはメラ星《ぼし》といって、海上より十間も上れば、まだ見えている中に海中に下ってしまう星だと教えてくれた。そしてあの星が現れると必ず暴風雨になるといった。それからこの漁夫が八年間の縄船乗船中に、二度この星を見ることができたが、いつも暴風雨だったという。

そんな具合で、伊東の人でも漁師ならば大ていメラ星を知っていて、この星が現れると暴風雨になると信じているという。メラ星の名は、房州の布良の漁師がいうのを聞いたからそう名づけたのだそうで、布良地方でも同じ名で呼ぶということである。

わたしも内田氏に同意して、これはカノープスの和名だろうと答えておいた。

中国では昔からこれを老人星、南極寿星などと呼び、「老人星現るれば、治《ち》安く、見えざれば兵起る」などといった。七福神の寿老人は、宋の嘉祐八年にこの星が老人の姿となって都に現れた時の姿を写したものという。

日本にもこの名を伝えて、陰陽道に老人星祭があり、醍醐天皇の延喜の改元は、老人星が出現したためである。そして、辞書や節用集にもしばしばこの名を載せていた。例えば「合類大節用集」には「老人星 南極弧 南寿星」云々とあるし、年代記にも古くから「老人星見《あらわる》」の文字を発見する。この寿星がメラボシとなっては、暴風雨の前兆の星というのである。

さて、これより以前、わたしは上総のオショウボシ（和尚星）の伝説を、故高木敏雄氏の本で読み、後に地元の市川信次、河村翼両氏から別々に報告を受けた。

それは、昔上総の和尚が常陸に旅していた間に、所持金に目をつけられ、むごたらしく殺された。最後に、わしの怨念は星となって雨の降る前夜には必ず出るから南の空を見よといい残した。果して雨もよいの前の晩には、南の上総の山ぎわにもうろうと、さも怨めしげな星が現れるという話で、殺された村も鹿島郡の××村となっていた。

なお、市川氏が新治郡牛渡村の漁夫から聞いたという話には、

寒い頃に汀から向うの岸を見て、上総の山の上に四、五寸離れたところに星がギラギラ見えると、明くる日には風が吹く。土地ではその星を上総の和尚星という。云々

とあった。

旅僧が殺されたという話は当時としてはありそうだし、それに結びついた星は、後の話では、見える季節・方向・高度もはっきりしているので、架空の星でないことは判る。そして、冬の天気の変り目に南の山ぎわに低く現れ、うらめしげな印象であるというのは、もしやカノープスではないかと、わたしは考えていた。

そこへメラボシの報告を受けたので、オショウボシもこれと同じ星で、共にカノープスをいうものと思いはじめた。

次いで房州勝浦で冬を過していた三田派の作家、故松本泰君から、

この地方に布良《めら》星というのがある。西南風の強い日に限って、南の空に妖しくきらきら光るのが、それだという。何でも房州の突端布良は引網の盛んなところで、よくその舟が沖へ出たまま行方不明になる。その不幸な漁師たちの霊がその星に移っているのだと言われている。

と知らせてきた。これで、メラボシは地元に移って、西南風の強い旧二月に見えるのでは、いよいよカノープスと決まった。そして、死んだ漁夫の霊が移っているという星は、自然

に上総の和尚星へと結びついたが、まだ同一視するまでは無理があった。

　その後も、メラボシが勝山でメラデ（布良沖）と呼ばれていることや、白浜の漁師が「大島のたつみに見える大きな星だ」といっている報告が来たり、また布良の漁夫がひどく冒険好きで、たびたび海で死ぬため寡婦が多く、船を後家船といい、その造る延縄《はえなわ》を後家縄ということも知った。その間に、わたしの台所へ来た浦安の魚売は、ロクブノホシというのがあって、海よりいくらも昇らないと話した。これもカノープスらしいと思ったのだが、この意味が判明したのは、戦争の半ばごろ、新村先生から次ぎのお便りに接してからであった。――

　本日（四月三日）俚言集覧（太田全斎）を見てゐしに偶ゝ西心星といふ名にあたり申候、すでに何かにて御発表と存候へ共申上候。房州布良に見ゆる星、其土俗に云ふ、西心と云ふ道心者化して星となりしといへり。老人星か、或はさもなくとも南方に見ゆる異星の眼にたつものにや御示し可被下候。

　先生の判断されたように、これが老人星のカノープスであるのはもちろん、これでメラボシは西心という坊さまの化したものとも見られ、浦安でいうロクブノホシは「六部の

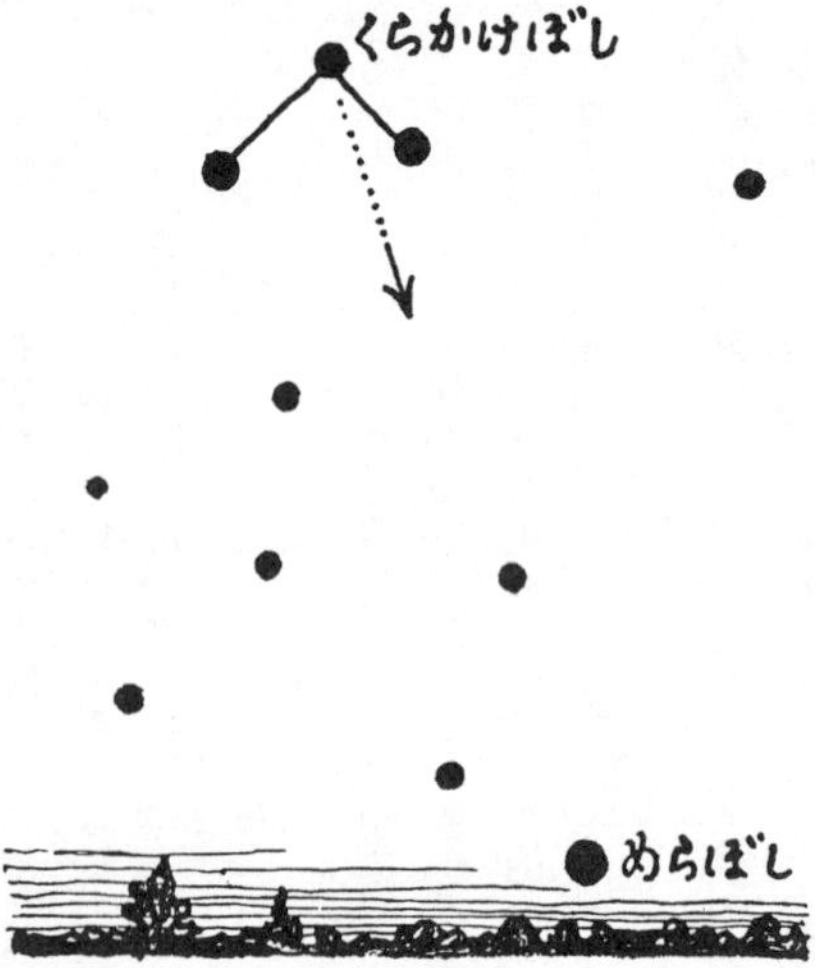

老人星の発見方法

星」に相違なく、同時に上総で殺された旅僧も西心のことであろうと、性急に推断を進めた。

　ところが終戦後、草下英明君が房州の館山から洲ノ崎へ行く途中で、元漁夫だった老人から、メラボシはその辺ではニュウジョウボシ（入定星）と呼んでいて、昔布良から一里ほどの横渚《よこすか》村で入定した僧が、自分が死んだら星になって現れるが、それが出たら必ずしけになるから船を出すなといい残したことや、その村には今でも「入定さん」の墓も残っていることを聞いた。

　それで、後にその横渚村を訪ねたところ、小さい不動堂の前に、西春法師位と寛文七年三月十八日と刻んだ石碑が立っていて、これが入定の日で、毎年当日に立つ市を入定市ということをも確かめた。

　そして近くに住む老漁夫の話では、入定星は、雨がボジボジ降るような日か、あらしの来る前など、南の方角で水から一ひろほど離れたところに見える星で、天気予報になるということだった。これで、草下君は、「俚言集覧」の「西心星」が「西春星」であり、その道心が入定した遺跡までつき留め得たのだから、予期以上の収穫だった。

興味が深いのは、同じカノープスが一里を隔てると、メラボシがニュウジョウボシとなり、さらに上総から常陸ではカズサノオショウボシとなって亡魂の主を異にし、死んだ理由が変化していることである。

しかし、どれも天気占になっているのは、土地が、荒天で死んだ漁師の怪談にひきいられているからで、西春坊の話をした老漁夫も、布良の男たちが一時種切れとなったことや、自分も波の上にころがる火の玉や幽霊船を見たと熱心にいっていたという。

メラボシは鹿島灘・東京湾から遠州灘一帯へかけていわれるが、その間にも異名がある。西川欽治氏の報では、千葉の豊海町では荒天になる前、大東岬の上に出る赤い大きい星をダイトウボシという。磯貝君はまた江ノ島の漁夫から、ダイナンボシの名を聞いた。ダイナンは沖のことで、二月ごろ海の荒れる前に沖に低く現れる星だという。

また、鎌倉の腰越で南ノヒトツボシというのも、めったに見えぬが、見えるときっと風が吹く。海から二間ぐらいの処に昇るという。これもメラボシである。

メラボシは、アオボシ（大いぬ座シリウス）の南のクラカケボシ〔その項参照〕の直角を三等分した第二の直線を地平線まで延長して発見するが、緯度が南になるほど高く見えてくる。岡山地方では「讃岐《サヌキ》ノオウチャクボシ」といい、讃岐では「土佐ノオウチャクボシ」といって、それぞれの方向に出て横着にすぐ引っこむからだという。

名の美しいのでは、播州地方の方言の、

ナルトボシ（鳴戸星）　アワジボシ（淡路星）

がある。桑原昭二氏は漁夫から、

「寒くなってくると南の鳴門のところに出て、じっとしているお星さんがあるわいなあ。ほかのお星さんはいつも動いていて、どこと言えんけど、このお星さんは鳴門の方に出て、じっとしとるわいなあ」

と話されて、これがカノープスであることが判った。そしてナルトボシは寒くなって出るので、ザブザブボシとも呼んでいるという。それが高砂地方では、漁に出ると、淡路の方向から昇るので、アワジボシと変るのである。

さらに同じ播州の東二見にはアキラボシという名がある。これは「秋タコボシ」の意味で、この星が出るころ、秋のタコの取れる季節になる。「不思議な星で、沖から二、三寸上ると横に走ってほかの星さんのように上って来ない」という。これはよくカノープスの動きを表わしている。また、同地ではこの星の一名をヒガンボシ（彼岸星）という。彼岸過ぎれば夜明けに出るので、この名があるという。

なお隠岐の島後で、わたしの甥が聞いたのは、名は不明だったが、しけや荒れ前に南に低く大きな星が出る。ごく明るい星だが、これが出た後は必ずヤマシ（南）やハエ（南々西）が吹くといっていた。やはりカノープスだろう。

終りに変った名は、奈良の宇陀地方でいうゲンゴロウボシ（源五郎星）で、辻村精介氏によると、稀れに南に見える星で、現れると雨になる。大峰の源五郎坂の上に当るのでこの名があるという。これがカノープスであることは間違いないらしいが、名の起原は確認されていない。

わたしはこれに、「諸国里人談」にある源五郎狐を思い合わせた。これは延宝のころ、大和宇多郡にいた狐で、関東への飛脚に頼まれて、江戸まで片道十口余りの旅程を七、八日で往復していたが、小夜ノ中山で犬にかみ殺されたとある。この名狐の名を大峰に明滅する狐火のような星に呼んだのかも知れないと思ったからで、——北の布良で漁夫の亡魂と見ているようにである。

ところが、岸田定雄氏によると、三輪町附近では西南の山のすぐ上に出る大きな星をゲンスケボシといい、天気の荒れる前に出るとか、二、三日すると雨が降るといっている。これもカノープスに違いないが、これでは源五郎狐を引っこめなければなるまい。なお、天理教で十柱の神の一つを源助星というと聞いた。土地がら何か関係がありそうに思う。

琉球の星
奄美の星
アイヌの星
クルス星

琉球の星

琉球語が古代日本語の姉妹語であることは、周知の事実で、星の名についても、いつの時代にか内地から伝わったものが多い。しかし、それらはそこの住民に特殊の音韻の法則によって転訛し、現在ではまるで外国の星名を聞くような感じがする。また、一部にはこの列島で生まれた名もあり、その中には内地では見えない星をも含んでいる。それで、ここに一章を設けることにした。

わたしが琉球の星の名に興味を持ったことは相当に古い。関東大震災の二、三年前であったろう、当時、八重山列島の石垣島測候所長だった岩崎卓爾氏が上京されたことがあった。その時に、人を介して石垣島の話を氏から聞いた中に、

月の美《カイ》しや十三日《トオカミカ》　乙女《ミヤラベ》美《カイ》しや十七歳《トオナナツ》

という俚謡があって、わたしを驚かせたし、内地の月の童謡との関係をも考えさせられて、以後琉球に関する書物に注意するようになった。

その一つに伊波普猷氏の名著「古琉球」があって、オモロ（神歌）の中の「あがるミカヂチがふし」に眼を見はった。

ゑけ　あがる　ミカヂチャ　　あれ　天《あめ》なる三日月は
ゑけ　神ぎゃ　かなまゆみ　　あれ　御神の金真《かなま》弓《ゆみ》
ゑけ　あがる　アカボシャ　　あれ　天なる明星は
ゑけ　神ぎゃ　かなままき　　あれ　御神の金鏃《かなままき》
ゑけ　あがる　ボレボシャ　　あれ　天なる群星《むれぼし》は
ゑけ　神　が　さしくせ　　あれ　御神の花櫛
ゑけ　あがる　のちくもは　　あれ　天なる横雲は
ゑけ　神　が　まなききおび　　あれ　御神の白布《ぬの》帯《おび》

訳文は伊波氏のものだが、天体を讃美してこれほど雄麗な詩は、本土には絶えて発見されぬもので、それだけに南島のきらびやかな夜も想像された。

ボレボシ（群れ星——スバル）

三日月を神の黄金の弓にたとえたのは、ギリシャの月神アルテーミスの金の弓を思わせるし、明星を金のやじりの光と見たのは海外にも例を見ない。特にわたしの目にとまったのはボレボシで、訳文で群れ星の訛りであることを知った。そして、御神の花櫛とあるすばらしい形容から、これはスバルに相違ないと思った。天明の「雑字類編」に「昴星《ムラボシ》」とあるのに相当する。

これで、わたしの琉球の星に対する興味はさらにも加わった。そして、本土でも農耕の星を代表しているスバルが、南島ではるかに重要な位置にあるのに眼を洗われた思いがした。

これについて新村博士は、「スバル星の記」に、岩崎氏の「石垣島気候編」(昭和二年)の中に、ムネブシの名があり、それに「六連星」の漢字が当ててあることから、同じくスバルのことと解され、また宮良当壮氏の「採訪南島語彙稿」に、群星の方言のあるのを見出して、同氏に問い合わせた結果、ブリフシ(与那国島)、ブリプシ(石垣島)がいずれも岩崎氏のムネブシと共に、「群れ星」の転訛であることを知った。オモロでは、これがボレボシである。

その後、宮良氏には「八重山古謡」の大著があった。その巻頭のムリカ星《ブシ》ユンタ(歌)の註で、八重山語のスバルに、ムリカブシ、ムリブシ、ムニブシ、ンニブシの方言があることを報告された。

以下しばらく、ムリカ星《ブシ》ユンタを宮良氏の著から拝借する。まず解説に、ムリカ星《ブシ》（昴星《すばる》）、北七つ星《ニシナナチンブシ》（北斗）、南七つ星《パイナナチンブシ》（星宿《ほとおりぼし》?）などの位置を擬人的に巧みに説明せるもの、即ち天の主前《テンヌアージマイ》（天上の大王）から、南の七つ星が下界を統べ治めよと命ぜられると、否と答へたために、南陬《すう》に追ひ遣られ北の七つ星も同様にして北隅に追ひ遣られてしまひ、ひとり昴星《すばる》のみは大命を拝受したがために、天の中央を行く。そして農民は昴星を観て播種植付をすると云ふ歌

とある。南七つ星の挿註の「星宿《ほとおりぼし》」は、別に原歌の訳に用いた南斗の方が事実に近いと思う（後出）。

つぎにムリカブシが現れている下篇を、氏の対訳と共に掲げてみる。

ムリカ星《ブシ》　星《ブシ》どヨー　　スバルという星は
天《テン》ヌアーヂ前《マイ》から　　天のあるじ（天帝）の御前から
島ウタイデ　ユチャラ　　島を統べよと云われたら
国《フン》ウタイデ　ユチャラ　　国を治めよと云われたら
ウーフデ承《ウ》キダル　故《ニャン》ど　　畏りましたと申上げたために
ウーフデ承《ウ》キダル　因《ニャン》ど　　ハイとお答えしたために

島ヌ真上《マウィ》カラ　通《トー》ユンドー　　島の真上を通ります
天ヌ中　通《トー》ユンドー　　天の真中を通ります
物作《ムヌチク》る　シーユラバ　　農作をする時には
ムリカ星《ブシ》ユ　見当てシー　　スバルを当てにしよう

星が空を動く高低を伝説にした例は海外にも見出されぬではないが、これは天の主の命令を承わってのことで、それもスバルが農作の目標となって仰ぎ見られている事実から出ているのが無類である。

ちなみに、右の「天ヌアーヂ」は、全ての星を支配する最大の星で、俗にタツァーキブシといい、「八重山語彙」にはこれは「立上げ星の義で、二月ごろの夕方中天にあり、五六月には西天にある星」とある。内田氏はこれを大いぬ座のシリウスだろうと解しているが、おそらくそうであろう。さて、宮良氏はこの歌に註して、

八重山では古く星辰の運行を観測するために、各間切《まぎり》（今の村）に一定の高き場所があって、石又は竿を樹《た》てておき、晩は辰巳の刻に、暁は申酉の刻に観測することを怠らなかったのである。そして旧暦十月頃にスバルが竿の高さ凡そ一丈ほど昇った時に、稲の種子を苗代に播き、それから種子取祝《タニドルヨイ》をしたのである。云々

と書いておられる。

喜舎場永珣氏も同じ歌の註に、「昔は……日没後老農たちが集まって三《み》尋《ひろ》竿を立て、三尋後から星と竿とが直線上になったら、稲の種をまく時期、俗に種子《タニ》取《ドウリ》をきめた相です」云々と書いておられた。

岩崎氏の「石垣島気候編」には「秋冬の節から五十日前後とか、九月末乃至十月とかいう時節に、あちこちの土地で、ムネブシの高さによって、日和を見合せて播種するという習慣がある」云々として、方法は述べてないが、その島にも同じ行事があったらしい。日本内地でも麦まき、そばまきはスバルの南中を見てやっていた〔その項参照〕。特にマライ地方や南洋の島々では、現在でも琉球と似てさらに素朴な方法で、ビンタン・プルプル（スバル）の高さを測り、播種から収穫の季節を誤らぬようにしている。

なお、沖縄案内の俚謡の中にこんなのを見た。

天のブリボシや数《ヨ》まれても、親の教訓《ヨセゴト》や数《ヨ》まらぬ

これは道歌ともいうべきものだろうか。

ウフナブシ（船星――北斗七星）

「八重山古謡」には、ムリカ星《ブシ》ユンタに次いで、ウフナ星《ブシ》ユンタ（船星の歌）がある。これは北斗七星その他と農耕とに関する俚謡である。

第一歌
ウフナ星《ブシ》ユ見当《ミーアテ》ニシ
居《ビ》ロール星《ブシ》ユ見当ニシ
麦作《ムンチク》り見リバ
小麦《コナムン》ンャ壁葺キ
大麦《スパムン》ンャ頂襲《チヂウス》イ

北斗七星を目当として
います星を目当として
麦を作って見ると
小麦は壁を隠すほどに実り
大麦は屋根を蔽うほどに実る

第二歌
フナー星見当《ブシミーアテ》し
我《バ》が島ぞ《ド》島の《ヌ》末《ムト》
群星見当《ムリブシミーアテ》し
我が島ぞ島の《ヌ》末《ムト》

北斗七星を目当に
我が島が島の大本
群れ星を目当に
我が島が島の大本　（下略）

宮良氏はウフナ星《ブシ》をフナー星《ブシ》と同一のものとし、訳歌に北斗七星、註には「恐らく――」と疑問にしている。わたしは磯貝勇君から、宮古島出身の川満氏の話として、同島にフネボシ、フニブシがあり、北斗七星をいうらしいと報ぜられたので、それを信じたい。日本内地にも、北斗に船星の方言があるし、さらに南洋のビンタン・ジョンも同じ意味で、これは、あるいは琉球の見かたと関係があるかも知れない（ふなぼし参照）。

第一歌の「居《ビ》ロール星《ブシ》」は居すわり星で、常住の北極星をいうものだろうか。第二歌の「群星《ムリブシ》」はもちろんスバルである。

北斗七星は、普通には、

ナナツブシ　ナナチンブシ（七つ星）

と呼ばれるが、ムリカ星《ブシ》ユンタには、「北七つ星《ニシナナチンブシ》」とある。そして、天の主前《テンヌアージマイ》から下界を治めよと命ぜられて、「否《ンバ》」と答えたので、

北《ニシ》ぬ方《ファ》にきるうとし　　北の方に蹴落され
丑《ウシ》ぬ方《ファ》にうっちぇんどー　　丑の方に打ち遣られた

そして、これに対して南の方にも、

パイナナチンブシ（南の七つ星）

があって、これも天神から忌まれて、

南《パイ》ぬ方《ファ》にふんうらし　　南の隅に追いこめられ
未《ビチ》ぬ方《ファ》にうっちぇんどー　　東の方角に押し落された

とある。

宮良氏は、この星を南斗と解しておられる。どうもそうらしい。もっとも南斗は六星だが、南にあって北斗に対する星の群れとしては、他には考えられない。

喜舎場氏はこれをペガサスとアンドロメダとを結んだ大きな北斗に似た形と説明されているが、南または未《ひつじ》の方角に見える七星としては当らぬようである。しかし同氏が、「島人は北斗七星を見て船底を作り始め、ペガソスを見て船の舵を作ったと言い伝えられております」と書いておられるのは深い興味がある。

ちなみに、琉球諸島で北を「ニシ」というのは、奄美大島の案内書には、平家の落人が北から源氏が追って来るのを恐れて、「去《い》にし」の意味で、北を「ニシ」とよばせたとあった。西は「イリ」である。

これについて、同島にこんな俚謡がある。

天ぬ天《アマ》の川《ホーラ》今や南《ヘー》と北《ニシ》と、夜の明きしだいゃ西《イリ》と東《アガリ》

北斗七星はまた、本土と同じく舵の形と見てカジブシともよばれる。内田氏によると、国頭郡名護町では、

ニーヌファヌ・カジブシ（子の方の舵星）

という。そして那覇では、「夏季東南方に見える舵の形の星をカジブシとよぶ」という。これは明らかに南斗六星で、正しくはパイファヌ・カジブシ（南の方の舵星）であろうか。能登の漁夫が「北の大カジ、南の小カジ」といっていたのを連想させる。

ネノフシ（子の星——北極星）

つぎに、北極星の方言は、内地のネノホシを伝えたと思われるネノフシ、ニーヌフシを初め、ニーヌファヌブシ（子の方の星）、ニーヌファブシが広い。前に出た「居《ビ》ロールブシ」は、もう古語だろうか。

ネノフシについて、桜田勝徳氏と沖縄糸満の漁夫長大城亀氏との問答を「アチック・ミューゼアム・ノート」から引用する。——

桜田「夜など、星で見当つけますか」
大城「フシですね、ネノ星《フシ》。ネノ星《フシ》なァ、どうしても動かん。外は六つあるが、七つの内六つは動く。（一晩に大方三尺から六尺は動く。ンマノ星《フシ》は恰度今から先秋に出る、色は赤い。この星はない時もある。この星は動く。）沖縄の人は昔からフシを研究してなア、外の星は動きますが、ネノ星《フシ》は三尺位動くが一晩のうちに。星が見らんならば、そういう事は出来ないけれども、自分の国から来る時、国はどこに見えていると磁針《はり》を持っているから、それからネ、星は北にあるからな、それでアテになる」——

小ぐま座の七星のうち六つは動くといい、あとでネノ星《フシ》が三尺ぐらい動くといいなおしている。これは内地で、例えば房州船形町で三尺ぐらい動くといっているのと通じていて面白い〔ねのほし参照〕。
右の引用で、わたしがカッコに入れた、

ンマノフシ（午の星）

は、当時まだ琉球音に熟していなかったので、すぐには子の星に対する午の星と判らなかった。そして「今から先秋に出る、色は赤い」には迷った。午の方角に出る星は、子の星とは違って西へ動く星で、むろん「ない時もある」。そして「色は赤い」では、さそり座の主星アンタレースをすぐ思ったが、「秋に出る」では、オレンジ色の南のうお座の主星フォーマルハウトらしいと思い返した。宮良氏の「南島叢考」には、ンマヌファッヌ（午の方角）は東南隅に当るとある。そうすれば、秋の東南に昇る星フォーマルハウトに当るだろう。

なお、わたしの甥は、沖縄の某氏から、「ネノハプシの正反対にある星をウマノハプシ（午の方の星）という」と聞いたが、何の星か判らなかった。

終りに宮古島には、すばらしい俚謡が伝わっている。

夏冬かわらぬニヌファノ星小《ブスガマ》よ、曇らだ(ず)照りおるニヌファノ星小《ブスガマ》よ、汝《ウワ》ゃ見上げど(て)、
星小《ブスガマ》ゃながめど(て)、くらさでびゃんと。(淋しく暮すことよ)

つぎに、さそり座の巨大なS字形は内地でも釣針の形と見て、ウオツリボシの方言があ

るが、那覇に同じ見かたで、

イュチャーブシ（魚釣り星——さそり座）

の名のあるのは面白い。またヤキナマギー（焼野の曲り針）という名も、その土地の漁夫の用いる釣針であるという。

つぎにスバルと同じく、おうし座に属するヒヤデス星団の＞の形を、伊波氏も、比嘉春潮氏も、民俗学研究会でわたしの甥に図を描いて、

ウマノチラー（馬の面——ヒヤデス）

と教えられた。比嘉氏は、「年中見える星で、ことに夜遊びの帰りなどによく目につく」と言いそえられたという。これは東北地方に、同じ方言があるので面白い〔つりがねぼし参照〕。

オリオンの三つ星は、全列島を通じて、

ミツ（ル）ブシ（三つ星）

といわれている。

内田氏によると、那覇にはタテイシブシという名がある。また、中頭郡中城村では三つ星をママクヮブシ（まま子星）とよび、「中央の大星を親、前後の小星をその子供とみて、

天の河に近い方が継子であり、あとの小星は実子である。そして天の河をわたる際には、継子の方を先だてて河中に入る」と言っているという。同氏はこれを、オリオンでなく、ヒコボシを中心とする三星のことだろうと解しているが、わたしも同感である。
なお、「八重山語彙」に、七夕の女夫星をウヤキプシィとよぶとあるが、意味は判らない。
つぎに、内田氏は那覇市に、
ウシデクバボシ（臼太鼓星――からす座）
という名があることを報ぜられた。初め意味は不明だったが、そのうちに、わたしは沖縄案内書で、八月にウシデーク（臼太鼓）踊という古式な神楽舞踊を各地で催すことを知って、この奇妙な星の名も、同星座の梯形をウス、またはウスに似た太鼓の形と見たものと判断した。ついでながら、宮崎県児湯郡上穂北村にも臼太鼓《うでこ》踊があると読んだことがある。
さらに、沖縄ならではと思う星に、
ハイカプス（二つ星――ケンタウルスα・β）
がある。これは初め九大教授江崎悌三博士が、「八重山遊記」の中に紹介されたもので、二つ並んで輝いている星が見える、これをハイカプス（二つ星）と称し、この島ではこの星の位置によって播種の時期を定めているので、なかなか重要な役割をつとめているのである。この二つの星は疑いもなくケンタウルス座に並ぶ一等星αとβの二星のことで、これらは日本本土では見えない。最南端の島に相応しい話である。

とあった。これは「八重山語彙」にパイガプシとして出ているものと同じであろう。そして宮良氏の説明には、

南の星の義。昔、波照間島にマナビ（真鍋）と称する四つの乳房を有する婦人ありしかども、国王に呼出されて、島を去るに及び、我再び帰る能わず、南天に星輝かば我と思いて農事にいそしむべしと云い残せり。果せるかな、新星現れたりと云い伝う。

とある。これでは「南の星」である。南風の「はえ」が、沖縄でもいわれることは、「倭訓栞《しおり》」などにもあることで、ハイカプスの「ハイ」も、「パイ」と同じく南の意味であろうと思う。

終りに琉球諸島でいわれる宵の明星、暁の明星の方言を書いておく。

宵の明星は、沖縄の糸満ではイリーヌ・ウブス（西方の大星）だが、「採訪南島語彙稿」によると、沖縄島では、

　ユーバナブシ（夕飯星）

　ユーバナマンヂャーブシ（夕飯を待つ者の星）

である。比嘉春潮氏は「ユーハンマンヂャー」といわれて、これは夕飯がほしくて見ている者の意。マンヂユンとは「ほしくて見ている」、マンヂャーとなると、その名詞形、「マー」の語尾は「……なる者」と説明された。

　宮古島でも、ユーイーフォーブス（夕飯《ユーイー》を食べる時分に出る星）という。いずれも愉快な名で、暮れ遅い海の上に輝いている金じきの明星が目に見えるようである。

　つぎに暁の明星は、琉球諸島では広く、

　ユーアキ（カ）ブシ（夜明け星）

　アカチチブシ（暁の星）

というが、石垣島ではユーアカブシを略してアカプシといい、与那国島でウクシフフシ（起し星）という。宮古島でいうウプラ・ウサギの意味は判らない。

　なお、「八重山語彙」によると、サカマブシィ（仕事星）があり、田畑の仕事にかかるのを促す意味らしい。この名は、各島でいう暁の明星シカマブシから転じたものではあるまいか。

奄美の星

奄美大島群島は、鹿児島県に属しているが、十七世紀に島津氏が琉球を征伐するまでは、琉球列島に含まれていた。それで、大島語は琉球語を母系としていて、星の方言にも相通ずるものが多い。ここに資料としたのは、大島の方言は、主として磯貝勇君が宇検《うけ》町出身の浜田氏から聞いたもの。喜界島のそれは、岩倉市郎氏の「喜界島方言集」から拝借した。

まず、スバルは、沖縄本島と同じく農耕の星を代表していて、名も、

ブレプシ　（群れ星）　大島宇検
ボレボシ　（同）　沖永良部島
ブリフシー、ブリー（同）　喜界島
ブリヨーファ　（同）　同

である。宇検では、ミツブシより三尋《ひろ》ぐらい先に出るといっている。沖永良部島には、ブリプシとミツブシの美しい俚謡がある。——

天ぬブリプシやよその上ぢ照ゆい、黄金《クガニ》ミツブシや吾《ワ》上ぢ照ゆい

これでは愛人《カナ》を金じきの三つ星に喩えている。

天ぬボレボシやよみやさみ（数えられる）しゅい、わが思《オボ》ることやさみゃ知らぬ

つぎに三つ星は広く、

ミツブシ、ミツルブシ（三つ星）で、喜界島ではミツリブリという。これについても、わたしは、磯貝君が浜田氏から聞いた奄美の俚謡、

夜なかミツブシや見ちゃる人《チュ》やうらぬ、吾《ア》ぬど愛人《カナ》忍ので、行ぢち見ちゃる

を微吟して聞かせてくれた夜を忘れない。

なお、沖永良部昔話の「天の庭」にこんな話がある。キーチャ殿という人が亡い愛妻のあとを追って馬で天に登り、しばらく行くと、ブリフシ（スバル）に出逢った。そこで「ブリフシ、玉のミショダイ（妻の愛称）の女子は見やじな」と尋ねると、「わしは麦蒔きが遅くなって、見なかった。あとからミチブシが来るから、あれに問うてみ」といった。

また、しばらく行くとミツブシに逢ったので、それに尋ねると、「わしは田植が遅くなって、見なかった。あとから夜明け星が来るよ、あれに問うてみ」と答えた。云々

これは、内田氏も書いているように、ブリフシが麦蒔きに、ミツブシが田植の目じるしとなっていた事実を語っている。同時にわたしは、この説話の原型が室町時代のお伽草子「毘沙門の本地」にあるらしいことを思った。これは天竺の金色太子が亡い愛人玉姫を慕って、金麗駒に乗って天に昇り、長庚星《ユフツツ》、彦星、棚機、七曜の星（北斗）と順々に道を尋ねて行くからである。ただ、これはいわゆる本地物で仏教臭が濃く、わたしの興味は沖永良部島の説話にかたむく。

三つ星には、前記の他に、

マスカタブシ（桝形星）　宇検

アブラゴウ（油合）　喜界島

がある。共に、本土のサカマスボシ〔その項参照〕と同じ見かたで、後者は「数個の星が集まって、油を量るマスの形になっている」と註がある。

北極星は、沖縄と同じく、全島で、

ネノホウブシ（子の方星）

である。北斗七星も同様に、

ナナツブシ　（七つ星）　宇検

ナナトゥブシ（同）　喜界島

である。

なお、宇検にフナカタブシというのがあって、沖縄のウフナブシと同じく北斗を思わせるが、註に「帆前船に似ていて、旧八月と九月に明るく分る。漁船に関係なし」とあるので、見当がつかずにいる。

つぎに、さそり座のS字形を、

フクスーバイ（フスクー魚の針）　喜界島

という。フクスーとは、くちばしの尖ったサンマのような魚で、それを引っかける針に似ているからだという。沖縄のヤキナマギーに通ずる見かたである。

また、さそり座の中心の三星を、

オーコブシ（杁星）　宇検

という。浜田氏は∴の形を示して、この星の角度の大小により、農作物の豊凶を占うと説明したという。これは大分県その他にもある名で、また同じ星占いをやっている。さらに、

テルハンニ（かごかつぎ）　喜界島

というのも、さそり三星で、内地のカゴカツギボシに当る（その項参照）。磯貝君が聞いたのでは、テルハンニは、前額文えの背負《しょい》運搬で、野らから帰る女たちは、籠の負いひもを

前額にあて、ややうつ向きの姿勢で行く。星の名もこれから出たという。

つぎに天の川をアメンクラゴーとよんで、その両がわにあるタナバタ・ヒコボシを、

アメンクラブシ（天の川星）　宇検

メオトボシ（女夫星）　同

という。旧七月七日に会うといっている。内地にも、女夫星をアマノガワとよんでいる地方がある。

なお、七夕については、徳之島にこんな俚謡がある。

七月ヌ七日や糸瓜《ナベラ》（の汁）染め染めて、白紙《シラカビ》に紋書ち竹に振らす

以上の他、どの星とも判らぬものに、宇検のクダマキブシ、ブタヌマチがある。前者は、大島つむぎの糸を巻く管に似ていて、接近して回っているという。後者は「豚の牧」で、大きな星を中心に小さい星が点々と取りまいているという。

宵の明星の方言は、

ユーグレブシ（夕暮れ星）　宇検

ヨーネーヨーファー（宵の明星）　喜界

で、暁の明星は、

ユアケブシ（夜明け星）　宇検

アートゥチ・ヨーファー（暁の明星）　喜界

である。なお生活味のこもる名に、キキャーノミズクミブシ（喜界の水くみ星）があって、「明るいうちしか水がないので、明星が出ている間だけ水くみをする」ためであるという。

終りに、奄美大島に伝わる月の俚謡その他を書いておく。割愛するに忍びないからである。

月とながめても星とながめても、吾《ア》カナ（愛人）おもかげ忘れならぬ
いもらん（来ぬ愛人）カナ待たんよりま、二十二三夜のお月さま待ちゃまさり
月に願《がん》立てて星に願立てて、ふたり親がなし百世ねがほ
かなしやかなしやわらベトジ（乙女妻）、かなしや物いわしかなしや染でも（契りても）かなしや
深山《みやま》吹く風だも（まで）かなしや、敦盛がこと忘れならぬ

アイヌの星

琉球の星の名は、その響きがエキゾティックな感じを誘うが、表皮を剝げば、やはり日本本来のもので、原意も、星の見かたもよく理解できる。ところが北海道アイヌの星の名は、それと異なって、根本から日本ばなれがしているし、究めてみればみるほど、異種民族のものであることに驚かされて、その比較をむしろアメリカ・インディアンか、南方の民族に求めたくもなる。それだけに、貴重であり、興味も深い。

わたしのアイヌの星の知識も、昔、故ジョン・バチェラー氏が発表されたものを読んだのが初めてだった。そして函館にいた小島修輔君が、わたしのために、同氏から十種ほどの天文名をただしてくれた。もっともこれには語義の説明がなかった。

その後になって、内田武志氏から、金田一京助博士に問い合されたアイヌの星名と一々の語義を報ぜられた。さらに、博士の高弟で同じくアイヌ語研究家の久保寺逸彦氏が、文化元年に最上徳内の著した「蝦夷方言藻汐草」という稀著をわざわざ貸してくださったので、わたしの興味は急速度に高まった。その本の天地部には、十五種の天文関係の言葉が出ていた。それらをわたしは同氏の示教のもとに、一文にまとめて発表した。

その後、昭和十六年三月の北大北方文化研究報告の中に、アイヌ人平取コタンビラ、二風谷ニシェクレクダルー両氏述のローマ字綴りの星名が出ていて、さらに教えられた。しかし戦後に、旭川の教官末岡外美夫氏が、近文、帯広、白老などのアイヌ古老から採集した星の伝説を報告され、これまでの知識を肉づけされたことは、予期もしない喜びだった。以下これら諸家から恵まれた資料を整理して、アイヌの星名を考証してみる。（敬称略）

星

ノチウ、リコップ、ケグ（藻汐草）
リコップはリク（上方に）オト（ある）プ（もの）で、星の意（久保寺）
ノチウ（バチェラー、金田一、久保寺、平取）

北極星

チヌカラグル　The Northern Star（バチェラー）
チヌカルカムイ　チ（吾々が）ヌカル（見る）カムイ（神）で北極星のこと（金田一）
チヌカラクル・ノチウ　大きな星で、その近所に細かい星がくっついている星（平取）

チ・ヌカル・クルのクルは、「人」または「男」で、マット「女」に対するが、「人」の意に用いると多少敬意を表わし、ひいて「神」に用いることが多い。それで、チヌカルクルもチヌカルカムイと同義である。（久保寺）

北斗七星

チヌカルグル　　北斗（藻汐草）　北極星の誤りらしい
トイタル・シャボッチ・ノチウ　　七つ星、畑仕事がいやで逃げる星（平取）
トイタ・サウォット　　同上、春には畑を作る時になると見えなくなり、秋になり木の葉が色づくころに見える星。トイタは畑を作ること、サウォットは逃げること（二風谷）
これは北斗七星の位置からすると季節が反対になるし、北海道では北斗が見えなくなることはない。
サマエン・ノチウ　　サマエンの神
昔、サマエンの神に仕えていた熊が反いて、盗んだオヒョウの木の苗を地に植え、それが空までのびたのをよじて逃げようとした。神はそれを見つけて、木を根から倒し、落ちてきた熊を殺した。この熊が天に昇って星になったのが北斗七星であるという。（末岡）

北米の土人も北斗のマスを熊、柄の三星をそれを追う三人の猟師と見ている。そして、オヒョウの木が天までのびたというのは、北斗が直立した姿から来ているかも知れない。

織女

マラフトノカ　　織女（藻汐草）

マラプト・ノカ、マラット・ノカで共に同義である。マラプト、マラットは邦語の「まらうど」「客人」の転訛で、「饗宴」の意味にもなる。ノカは「図」「画」「形象」である。そして、アイヌは熊を常世《とこよ》の国から来た「客人」と考えているので、マラット・ノカは「熊の頭の形」の意味かも知れない。（久保寺）

マラットノカ・ノチウ　　織女　熊の頭の星（末岡）

マラットサバ・ノチウ　　北にある星　熊の頭の星（平取）

この熊はアイヌ人を助けたコロボックルの使で、コロボックルが天に去ると、熊は功によってこの星に変えられ、春になると空に現れて、アイヌ人たちの働きを見おろしている。それでアイヌ人はこの星を見て、春の訪れを知り、また流星がその星の近くを通ると、穴から出た熊が部落を荒らしにくるといい伝えている。一説には、この星がペットノカ（天の川）の守り神であるという。これは織女の位置からもうなずける。

これを特に「熊の頭」とよんだのは、織女とすぐ近くの二つの五等星——いわゆる織女三星の正三角形をそう見たものかも知れない。

なお、マラットノカ・ノチウが天頂にかかるころ、アイヌ人は森からフクロウを捕えて来て、丸太を十文字に組んだ中央に結びつけ、若者たちが掛け声勇しくそれを上下させて神にささげた。これをフクロウ祭といい、熊祭についで盛んに行われたという。今でもアイヌ小屋の熊の檻とならんで、フクロウの檻がある。（末岡）

牽　牛

チクサグル　　牽牛（藻汐草）

同　　The Herdboy Star, also a Ferryman（バチェラー）

これも語学的には、クルとあるべきで、チ（吾々が）クサ（船で渡す）クル（人）である。アイヌに内地より渡来するものをすべてチクサーという。（久保寺）

ウナルベクサ・ノチウ　　お婆さんを渡す星

昔、母親を失って嘆いていた兄弟のところへ、天神が老婆（ウナルベ）の姿でやって来て、舟でベツ（川）を渡してくれれば母親を連れてくるといった。兄弟は喜んで、舟を出したが、いくら漕いでも向う岸へ着こうとしない。それで元来怠け者の兄はカイを捨ててしまい、弟だけが一心に漕いだ。それと見た老婆は弟を抱いて天に昇り、兄は流されて地獄に落ちた。やがて神は、これをアイヌたちの戒めとするため、三人の姿を星に表わした。中央の大星が老婆、左の暗い星が怠け者の兄、右の明るい星が働き者の弟であるという。（末岡）

この三星の中央は一等星の牽牛（α）で、左は四等星（β）、右は三等星（γ）である。星の光度の違いをも取り入れた点で、この伝説は海外にも類例がない。ベツ（川）を渡すのも、天の川が近いことに関係している。

スバル

イワンリコプ　⁘　如此星（藻汐草）

新村出博士は、これをイワン（六つ）リコップ（星）で、スバル、一名ムツラボシと解せられた。イワンはアイヌが神聖視する数で、その神話伝説には常に出てくるという。

マツネイッケウ　マツネ（女）イッケウ（背骨）（金田一）

これは六星をつないだ形から来ているらしいが、西洋にもない見かたで、むしろ南洋地方の星の見かたに通ずるところがある。

アルワン・ノチウ　なまけ星

昔、六人の姉妹があった。父が熊に殺され、母が悲しみのあまり家出した後は、仕事をしなくなり、春夏は山の中で遊び暮し、秋に枯葉が散るころになると里に現れて食物をもらって過していた。これを見た天の神は、六人を星に変えて寒空にさらすことにした。以後、彼女らは冬になると姿を現し、暖かくなると暗黒の地下で暮さなければならぬようになった。（末岡）

この伝説はスバルの出没の季節に応じているが、アルワン・ノチウの名を得たのは、スバルの光が暗い印象から来たものと思う。別に、この怠け者の姉妹が働き者のミツボシに追われる伝説もある。

なお末岡氏によると、アイヌは毎年アルワン・ノチウが昇るのを見て、サケの時期を知り、やがて来る冬の支度にとりかかった。そして、子供の時から、この星団が天頂にかかるころが最も寒い季節であると教えられているという。

三つ星

イウタニ　参宿、三つ星（藻汐草）

イ（それを）ウタ（搗《つ》く）ニ（木）の意味で、三つ星のたて一文字をキネの形と見たもの。（久保寺）「藻汐草」の器財部に「杵　ユタニ」とある。

レネシクル　三人連れのおかた。レン（三人）エウシ（そこについている）クル（神）の意。（金田一）

レネシペ、レヌシペ　三つ星。（二風谷）

レヌシペ　ペはクルと同義の接辞であるが、幾分か粗末な語法。（久保寺）

暁の明星

ニシャッシャヲチ　大白星（藻汐草）

この書の天地部に「暁　トーベケル、ニシャッ」とある。正しくはトーペケル・ニサッ卜で、「暁、夜明け」である。ニシャッシャオチは、ノチウ、またはカムイの取れた形であろう。（久保寺）

ニサッサオッ・ノチウ　The Morning Star（バチェラー）

ニサッチャオッカムイ、ニサッツァオッチ・カムイ　暁の口にいる神で、暁の明星。（金田一）　ニサット（暁）サ（低く）オット（かかる）の意味である。（久保寺）

ニサ・エック　薄明時に見えてすぐ消える星。（二風谷）これも暁の明星であろう。

宵の明星

キンマチスルグル　宵の明星。（藻汐草）原意不明。
アロヌマン・ノチウ　アロ・ノチウ　The Evening Star（バチェラー）
チコアッ・ノチウ　宵の明星。（金田一）
アロヌマン（夕、日暮）ノチウ（星）で、下のアロは上を訛ったものだろう。チコアッは原意不明。（久保寺）
アコチパッテ・ノチウ、アコヤウキ　原意はア（吾々）コ（それに向って）チップ（母）アッテ（漕ぎよせる）。ア（吾々）コ（それに向って）ヤウキ（目あてとする）ノチウ（星）である。（久保寺）

彗星・流星

マッコイワク・リコツマ　箒星。（藻汐草）
マァクワク・ノチウ　A Shooting Star（バチェラー）
マット（妻）コ（それに向って）イワク（求める）で、リコツマはリコップ（星）の写し誤りだろう。(久保寺)初めの註に箒星とあるが、次ぎと同じく流星らしい。

ムンヌエブ・ノチウ　A comet(バチェラー)

ムンヌウェップ・ノチウ　箒星。(二風谷)　ムン(ごみ)ヌエップ(掃くもの)で、ホウキのこと。(久保寺)

ノチウ・オマン　流星。ノチウ(星)オマン(逝く)で動詞形。(金田一)

カヤウシ・ノチウ　尾の広い箒星。カヤ(帆)ウシ(ついた)帆かけ星。(同上)

サラコル・ノチウ　尾の細長い箒星。サル(尾)コル(有る)尾曳き星。(同上)

天の川

ベツノカ　天河。(藻汐草)

ペツ・ノカ　天の川。ベット(川)ノカ(画、形象)である。(金田一)

ノカベチ、ベエチシノカ　The Milky Way(バチェラー)　ノカ・ペットで「画の川」。後者は意味不明。(久保寺)

以上の他に、「藻汐草」には、星をヒシ形に描いて「如此星　イナウリノカ」、斜めの三つ星に星のポツポツをそえて、「如此星　ヲガンヂ」、星雲状のものに「如此星　イルムンプ」など、何の星とも判らないものも出ている。

「火星　ホテレケレリコプ」も意味不明だが、久保寺氏は、あるいはオテルケリコプで、「飛びはねる星」の意味かという。これは金星を「飛び上り星」「かけ上り星」などいうのを思い合わせたが、火星では当らないだろう。

クルス星（南十字）

南十字（サザン・クロス）の名でいえば、今でも悪夢の中の幻影のように思い浮べる人が少くないことだろう。わたしも春の夜のホカケボシ（からす座）が南中するのを見ると、その下の地平線の彼方に南十字も直立して、ガダルカナルの海底に艦を柩として沈んだきりの甥の墓標となっていることを空想することがある。

しかし、クルスボシといえば、今の世には耳遠いが、慶長から元和・寛永へかけて南方へ往来した貿易船を思って、当時の海客のエグゾティシズムがほのかに胸に通うような感がする。

これらの時代には、ポルトガル語を伝えて専らクルスと呼んでいた。もちろん、この星象を耶蘇教の神聖十字架に見立てた名で、文献としては、「元和航海記」に「倶留寸（クルスは十字也）」とあるのが最も古い。

「元和航海記」は、長崎の人池田与右衛門入道好運が元和四年に編んだものという。好運は、長崎に居住していて暹羅《シャムロ》国及び交趾《コーチン》国渡航の朱印状を得たポルトガル人、恵万能恵留《エマノエル》・権左呂《ゴンザロ》に従って、慶長十八・十九年の二回、呂宋《ルソン》に渡航しているが、その間に行師之道《あんじ》（航海術）を授けられ、自らも倶留寸《クルス》で方位や緯度を測ることを研究して、それを子孫のために書き残したのが、この書である。
　この航海記についでは、「天竺徳兵衛物語」がある。これは大南北の芝居の主人公ではない。播州高砂生まれの船頭で、寛永十年には十五歳で角倉船《すみのくらぶね》の書役として、同十四年にはオランダ人ヤンヨースの船に乗って、両回とも天竺摩伽陀《マカダ》国へ往復した。晩年剃髪して宗心と号し、八十九歳の時、「末代咄《はなし》の種ともなるべきと」、この覚書を留めたとある。

長崎より女島男島まで九十六里あり、女島男島よりタカサンク（註　台湾）迄六百五拾里あり、タカサンクと申一国あり、長さ七百五拾里あり、此国の都より十三里ほど沖、ウクラタウケンと申島二つあり、是迄に日本より南へ走り申候、タカサンクより六百五十里西へ走り候へばカンタウ（広東？）の口《クチ》アマカハ（澳門）と申処を見たて申候、碇もなか〳〵おろされずよし、此のあま川の海の深さ九百八十尋有之よし、此処の海大分は、勝れて深きよし、此処南の方に大くるすと申星出候、此迄は日本の北斗の星を見立、時計を以て方向を伺ひ走り申候、此処より大くるす、小くるすと申二星を考へ走り申候云々

　この「大くるす」「小くるす」の区別は判明しないが、初めてこの手記を紹介された新

村先生は、「大くるす」をアルゴ座にある謂ゆる偽十字星、「小くるす」を南十字星かと解しておられた。そうとすれば、これは日本における偽十字の文献として唯一のものとなる。

この渡海記は、正確さでは「元和航海記」の比ではないが、単純素朴の間に、南蛮情調が浮び上がって、わたしは、京都清水寺の、寛永十年頃の奉納という末吉船の絵馬額を連想する。あの画で、南方への長い航海に、船客たちがタバコをふかしたり、三味線をひいたり、囲碁、双六、ウンスンガルタなどに興じている光景や、働いている紅毛人や黒奴《くろす》の姿を見ると、やがて暮れて行く油なぎの海に影をうつすクルスの星が空想される。また溯っては、この星は呂宋《ルソン》へ、渤泥《ボルネ》へ、あるいは新州（新嘉坡《シンガポール》）へと押し進めた八幡大菩薩の旗の上にも輝き、それを仰ぐ荒くれ男らの口からもクルスの名がいわれたのではなかったかとも空想する。

さて、寛永十三年に家光の海外渡航の禁令が出たが、次ぎの寛文年中に書かれた「呂宋覚書」には、

日本より五百里南へ行けば、四つ星見ゆる。是をハル・クルセイロといふ。日本よりは見えず。星の形⁘如是に候。南の方に見ゆ。

「クルセイロ」は、「元和航海記」には「倶留砌呂（星の名クルゼイロと号）継如二十字一」

とある。恐らく星座の名と思う。そしてこれがこの星の最後の文献であろう、「丸に十字」の久留寸《クルス》紋に名を留めてはいたが。

戦争の間に、わたしは南方に今もクルスの星名があるか否かに興味を持って、前線に出ている友人知己に調べてもらった。初めマライ地方からは、

ビンタン・ボボック　（蚊帳の星）　スラバヤ
ビンタン・リンチョット（人名？）　同
ビンタン・トホク　（銛《もり》の星）　スマラン
ビンタン・パディ　（稲刈の星）　同
グブック・メンチェン（ゆがんだ小屋）　同

を入手した。四つの星を十字には結ばず、輪郭のヒシ形に結んでいることは注意に値する。しかし、ずっと後に次ぎの名をマニラから報ぜられた。タガログ語では星はビトウィンである。

クルス・ビトウィン
クロス・ビトウィン

「クロス」は米領となってから、クルスを訛ったものだろうが、比島住民の多数を占めるカトリック教徒は、果して昔ながらの名を十字の星に伝えていた。これを突き留めたわたしの満足は大きかった。

古典の星

古典の星

ここには、書紀その他の古典に載っていて、国学者の間ではしばしば論議されても、文献のみに終った星の名を挙げて、その考証をも引いておく。

天津甕星（あまつみかぼし）

これは「日本書紀」神代巻下に、武甕槌《タケミカツチ》・経津主《フツヌシ》の二神が、葦原中国《アシハラノナカツクニ》に下って「諸《もろもろ》の鬼神《かんたち》等を誅《つみな》ふ」ところに、原漢文で、

一に云ふ、二神遂に邪神《あしきかみ》及び草木石の類を誅《つみな》ひて皆平らげ了んぬ。其の服《うべな》はぬ者は唯星神香香背男《カカセヲ》のみ。故《かれ》、また倭文神建葉槌命《シツリノカミタケハツチノミコト》を遣はせば則ち服《うべな》ひぬ。

と註してあり、また後の本文に、

一書に曰く、天神、経津主神、武甕槌命を遣はして葦原中国を平定《しづ》めしむ。時に二神曰く、天に悪神あり。名を天津《アマツ》甕星《ミカボシ》と曰ふ。亦の名は天香々背男《アマノカカセヲ》なり。請ふ先づ此の神を誅《つみな》ひて、然して後下って葦原中国を撥《はら》はん。

とある。前文では、この星神は中津国に属している邪神で、後文では高天原に属する悪神である。

同じ巻の初めに、

然も彼《そ》の国多《さは》に螢火の光《かがや》く神及び蠅声《さばへな》す邪神《あしきかみ》あり、復《また》草木咸《みな》能く言語《ものい》ふことあり。

とあって、江戸の国学者は、この「螢火の光く神」を星神と解し、天津甕星をそれを代表するものとして、いろいろの説を立てた。

後に神功記で、新羅王が服従を誓う言葉の中に、

阿利那礼《アリナレ》河の返りて逆しまに流れ、及び、河の石の昇りて星辰《アマツミカボシ》となるにあらずんば云々

とあって、アマツミカボシは一般の星に用いられているが、そもそもは、武甕槌、経津主二神の手にもあまって、倭文神建葉槌命《シツリノカミ》によって征服された邪神で、相当に光の強い星を神格化したものと思われる。

これについて、平田篤胤の「古史伝」には、

香々は灼《かが》、背は佐衣《さえ》の約にて清明《さえあか》き意と聞え……甕《みか》は甕速日神《ミカハヤビ》の甕とおなじく、伊迦《いか》と通ひて厳《いか》く大なるを云ふ言なり。然れば此神は衆星の中に、もつとも大きく見ゆる星にて衆星を司る神なる事疑ひなし。かくて衆星の中に厳く大きなる星はと探ぬるに、謂ゆる五星の中なる金星なる可く所思《おぼゆる》なり。

として、神楽歌の「明星」に、その光を月にたとえているのを引いて、

然《さ》ばかり輝く星は太白星をおきて何かあらむ、然れば甕星《ミカボシ》といふは太白、長庚にて、香々背男はその星神なること疑ひあるまじく所思《おぼ》ゆ。

と強く説いている。

語原では、香々《カカ》が「灼《かが》」であり、甕《ミカ》が「厳《いか》」であることは定説になっている。そしてこ

れをすなおに星の神話として受けとれば、わたしもアマツミカボシを金星と見たい。篤胤の力こぶを入れた文にも好感が持てる。単純に考えて、最大光度となったころの暁の明星が日光にとらえられて消えて行くのを神話化したと見てもいいだろう。

わたしはこの神話から、聖書イザヤ書（六・一二）に、

あしたの子明星よ、いかにして天より落ちしや

とある、驕慢なバビロン王を指す暗喩が、暁の星ルーシファを、魔王サタンの前身である大天使の名へと導いたことを連想して、天神に服さなかったアマツミカボシにも、黒い、大きな、こうもりのような翼を空想することがある。

天津赤星（あまつあかぼし）

「尾張国神名帳」に赤星大明神というのがあって、新村先生は、これをいわゆるアカボシ（明星）の金星のことかと書かれている。わたしは「赤」の名にこだわって、現在も諸地方でいうアカボシ、即ち、さそり座のアンタレースと考えてみたい。この名で神格化される赤星の随一だからである。

なお「旧事紀《くじき》」巻三、天神本紀に、筑紫弦田物部祖天津《モノノベノオヤアマツ》赤星《アカボシ》があって、五部人《いつとも》の一人で饒速日《ニギハヤビ》尊に従い、天降って供奉したものとあり、また、為奈部《ヰナベ》等祖天津赤星というのも、船おさと共に同じ尊に附して天降ったとある。これは星でなく人名で、蘇鹿《ママ》馬子が編んだという「旧事紀」も偽書となっているから、書紀の天津甕星などから創作したものかも知れない。しかし、おもしろい名である。

天須麻留女（あめのすまるめ）

これも新村先生によると、延暦二十三年の「皇太神宮儀式帳」に、天須婆留女《アメノスバルメ》命、また須麻留女《スマルメ》神なる女神の名が三ヵ所（渡会《わたらい》郡神社）に見えていて、先生は、この女神こそスバルの象徴にちがいないと思うといわれ、なお「儀式帳によると、大歳御祖命とも縁故があり、倭姫命とも因《ちな》みがあることから、農事に関する女神ではなかったか。……スバルは東西共に農耕に結びつけられ、而も女性に擬せられて居るからである」と書かれている。わたしもこれには同感である。今、当時の日本と同じ文化階梯にある南洋諸島の住民がスバルを農作のしるべとし、神とも仰いでいる事実などもこれを裏づけるだろう。

ついでながら、三重の川喜田千代一氏が、渡会郡須麻留女神社の縁起を調べたのによると、「度会《わたらい》正身神名帳」の考証には「須麻留女命は猿女神《サルメノカミ》なり」とあり、また「度会延経

神名帳考証」には、

「須麻の反切は佐なり。須麻留は猿なり」とある。そして、書紀に、皇孫が天鈿女命《アメノウズメノミコト》に猿女君《サルメノキミ》の号を賜うたとあるから、スマルメは即ちウズメノミコトであると書いてあるという。

これはおそらく、スマルの語原が記紀の五百津御統《イホツミスマル》にあることが忘失された後の考証らしく思われる。天ノ安河の誓《うけ》いでは、天照大神の御統《ミスマル》の玉は幾たりかの神を生んでいる。その名に応ずる天須麻留女が、神代の巻には現れていず、後に祀られたのは前記赤星明神と同じ理由があるのだろう。

袋　星（はららぼし）

「和漢三才図会」の天文部に、「或書に曰く」として、

孝霊天皇、三十六年正月、倭迹日襲姫命《ヤマトヒソヒメノミコト》夫なくして妠《はら》み、遂に奇児を生む、胞袋《えな》破れず玉の如く、中に男あり清《さ》え通る、胞を破らんと欲するも破れず、其夜飛んで天に昇り星となる。今銀河にある袋星《ハララボシ》是れ也、云々（原漢文）

とある。「或書」が何であるかは不明だが、この説話は確かに日本のものらしい。わたしの知るかぎり、中国にもこれに似たものはない。そして単純ではあるが、ひどく珍しい。宝暦の「斎諧俗談」にも、「袋星《はららぼし》」として、やはり「或書に云」とあり、和文になっているだけの相違だが、

按ずるに袋星とは、いづれの星なる事を知らず、うたがふらくは、天津《てんしん》・天籥《てんやく》の類ならむ歟《か》。

と附記している。

天津九星は今いう白鳥座の尾の部分、天籥八星は楯座と射手《いて》座にまたがる部分で、中国の星図では共に袋の形に結んであり、銀河の面でも最も美しいところである。そこを選んだのは眼が高い。

しかし、そういう星座でも、特に光輝を帯びている円形の部分か、あるいは微茫と輝いている星団のほうが、説話にふさわしいかと思う。どのみち想像だが、ハラボシの名は、この珍しい説話と共に残しておきたかった。

夏日星（なつひぼし）

これは火星の和名として古いものであり、辞書にも、例えば天明の「雑字類編」には、火星の一名に「熒惑《ナツヒボシ》」とカナを振っている。

この星名は、聖徳太子に関係させた珍しい説話を伴って、「扶桑略記」や「聖徳太子伝暦」に載っている。ここには前書から引用する。（原漢文）

敏達天皇の九年、夏六月、人あり奏して曰く、土師連《ハジノムラジ》八島《ヤシマ》なるものありて唱歌絶世なり。夜、人ありて来り、相和して歌を争ふ。音声常に非ず。八島これを異として追ひ尋ねて住吉の浜に至る。天暁《あ》けて海に入る。耳聡《ミミサト》王子奏して曰く、これ熒惑星《けいこくせい》なり。此の星降り化して人となり、童子の間に遊ぶ。好んで謡歌を作り、未然の事を歌ふ。蓋し是星かと。天皇太《はなは》だ喜ぶ。

耳聡王子は聖徳太子である。そして、これについて、寺島良安の「和漢三才図会」には、河内国道明寺の縁起として、次ぎの文がある。（原漢文）

河内の国道明寺は推古天皇、聖徳太子の開基なり。土師《はじ》連八島勅を奉じて寺を造り、土師の里に五部大乗経を埋む。地上に木槵樹《むくろ》を生ず。人その子を取《み》りて念珠を為《つく》るなり。八島は声大にして能く時世粧《イマヤウ》を謡ふ。熒惑星《けいこくせい》彼れの歌に感じて相共に唱ふ。

（八島）我宿のいらかにかたる声はたそ、たしかになのれよもの草とも

（星返歌）あまの原南にすめる夏日星、豊聡《トヨサト》にとへよもの草とも

謂ふところの夏火星は熒惑也。豊聡は聖徳太子の号也。——

これはそのまま「類聚名物考」や「斎諧俗談」にも引かれている。古く鎌倉の「梁塵秘抄口伝集」巻一、断簡には、「敏達天皇の御時」のこととして、土師連《はじのむらじ》のことを記し、

これは熒惑星《けいこくせい》の此歌をめでて化しておはしけるとなん。聖徳太子の転（伝？）にみえたり。今様と中事のおこり

で断れている。

なお、わたしが、一つ発見したのでは、貞享四年刊行の「乱曲久世舞要集」「星」上に、

此の四方《よも》の草木の中に分きて、いらかの軒端なる、忍ぶも今は忘れ草、生ふてふ野辺

も程近き、月住吉の、岸による波夜《よる》さへや、夢の通ひ路人目よくと、思へど松が根のあらはれけるぞよしなき、抑々天の原、南に住めるなつび星と、よみしは谿谷の星の林の分きて世の、よしあしを此の時天降りまして、

とあって、星名と共に歌をとり入れてあった。

また、「浪華百事談」という著者不明の本には、巻八「星ヶ池」に、これは今宮戎神社の裏門の北にあるが、太子伝にある連八島の遺蹟だろうか。河内菅原神社の近くに八島の墳というのがある云々と書いている。

さて新村先生は、前掲の歌について、「南にめぐるなつひぼし」とは、火夏星の直訳で、「史記」や「漢書」に「熒惑は南方の火、夏を主る」とあるのに由ったものといわれ、そしてこの説話の出所として「晉書」天文志を引いておられる。

ここには「晉書」と大同小異の「暦林問答集」を引いてみる。（原漢文）

天文抄に曰く、五星の盈縮《えいしゆく》度を失えば、則ちその星地に降る。歳星（註　木星）降れば貴臣となる。熒惑（火星）降れば童児となり、歌謡嬉戯す。塡星《てんせい》（土星）降れば老人婦女となる。太白（金星）降れば壮夫となり、林麓に処《お》る。辰星（水星）降れば婦人となる。凡そ諸星皆かくの如し云々

耳聡王子が引いて説明したのも、こういう故事だったわけである。こうして夏日星の説話は中国伝来のものだが、名歌手土師連《はじのむらじ》と、いらかの上の童児とに歌を競わせ、しののめの住吉の浜で海に消えさせ、耳聡王子にそれを判断させた無名の作家は凡手ではなかった。「なつひぼし」の訳名も、そのまま和名として美しい。

暁の明星
宵の明星

暁の明星・宵の明星は、言うまでもなく、夜明けと夕暮れに現れる金星の和名である。古名はアカボシ（明星）とユフヅツ（夕星）で、平安以前に星といえば、これらとタナバタ、ヒコボシで持ちきっていたらしい。

例えば、「万葉集」巻二の長歌に、

夕星之《ユフヅツノ》彼《カ》往此去《ユキカクユキ》　大船之《オホブネノ》多預不定《タユタフ》見礼婆《ミレバ》云々

があるし、同巻五、雑歌の長歌に、

明星之《アカボシノ》開朝者《アクルアシタハ》　敷多倍乃《シキタヘノ》登許能辺《トコノベ》佐良受《サラズ》（中略）夕星乃《ユフヅツノ》由布弊爾《ユフベニ》奈礼婆《ナレバ》　伊射禰《イザネ》
余登手乎《ヨトテヲ》多豆佐波里《タヅサハリ》云々

がある。同巻十、秋雑歌の七夕には、

夕星毛《ユフヅツモ》往来《カヨフ》天道《アマヂ》及《ヲ》何時鹿《イツマデカ》　仰而将待《アフギテマタム》月人壮《ツキヒトヲトコ》

がある。

また、神楽歌の明星、吉利吉利《キリキリ》には、

あかぼしは、みやうじやうは、くはやここなりや、なにしかも、こよひの月の、ただ
ここにますや、ただここにますや

と明星の光を讃嘆して、月にたとえている。

これは貞観後期ごろの作かと言われているが、延長年間に源順が撰した「倭名（類聚）抄」の景宿には、

明星《アカボシ》　兼名苑云、歳星一名ハ明星、此間ニ云フ阿加保之
長庚《ユフツツ》　兼名苑云、太白星、一名ハ長庚、暮《クレ》ニ見ル二於テ西方ニ一為ス二長庚ト一、此間ニ云フ由布豆々

とある。

これについて江戸の「箋註倭名類聚抄」は、ここに中国で歳星の一名明星であるのを引いて日本の名の阿加保之《アカボシ》と同一視したは、「名同而誤也」と正しく評している。また、由布豆々《ユフツツ》については、「由布都々、夕続之義」と註しており、今の「大言海」も同様で、「夕ノ日ニツヅキテ出ヅル故ニ云フ、連濁ニ因リテ濁音ヲ転倒ス」とある。説明がうま過ぎるが、「史記」の天官書に「日既に入る。明星を謂ひて長庚となす。庚は続也」とあるのが糸を引いているように思われる。

「倭名抄」から七、八十年後の「枕草子」の「星は」に、すばる初め「みやうじやう、夕づつ」を挙げていることは、誰でも知っている。降って承久年間、順徳院撰の「八雲御抄」三ノ上の天象に挙げられている星の名は、

ゆふぼし　たなばた　ひこぼし　夜ばひ　あまつ　ゆふづゝ　あか暁星也

である。「ゆふぼし」は、夕方に出る星を漫然といったものらしい。夜ばひ星、あまつ星、あか星の星を略しているのは、雅語であろうか。

つぎに、太白の漢名も、多く夕づつに言われていた。しかし、陰陽道では太白を天将の象と見るところから、平安末期にはその精を大将軍と呼んで、盛んに祀った。これは日に

日に空をめぐり、地に下りて威力を揮うといわれて、その方向に働きかけることはかたく忌避されていた。

鎌倉時代の後白河法皇撰「梁塵秘抄」の神歌に、

　大しやうたつといふ河原には、大将軍こそ下りたまへ、あつらひめくり諸共に下り遊ふた《（ママ）》まへ大将軍。

とあるのがそれである。そして、太白神と書いてヒトヒメグリと読んでいた。この歌の「あつら」は、時に「あつち」となっていて意味不明だが、「ひめくり」は「日めぐり」かと思う。

京都には、大将軍堂が今でも残っていて、特にダイショウグンという。そして、宮中の元旦の四方拝には、まず属星（北斗）と天地四方を拝し、そのあと大将軍、次ぎに氏神を拝したものである。

しかし、近世の辞書・節用集はすべてが長庚《ユフヅツ》と明星《アカボシ》を掲げている。例えば、元禄の「和爾雅」を引けば、

長庚《ユフヅツ》　金星後レ日而入　明星　金星先レ日而出、則謂二之啓明一、亦謂二之明星一、東有二啓明一、西有二長庚一

とある。なお、五星の項に、「太白《フトロボシ》《タイハク》金〇」とカナを振っているのは、「辰星《タナミボシ》水〇」と共に直訳に過ぎない。慶長の「易林本節用集」には、「太白星《ユフヅツ》」とある。

暁の明星の異名に、いつの時代にか、

カワタレボシ（彼は誰れ星）が加わっている。室町時代（文明）の「廻国雑記」に、

暁のかはたれぼしとあるは、かはたれ時より出づる太白のことなるべし。

とある。江戸の「合類大節用集」には、これを、

耀渡星《カワタレボシ》　先㆓啓明㆒而出大星也故俗謂㆓暁天㆒為㆓……時㆒

としてある。「かはたれ」は、たそがれ（誰そ彼れ）に対する名で、暁闇のことだが、多く雅語であったろう。

また、同じ意味で、タレトキボシ（誰れ時星）の名もあった。「水上語彙」には、その例に、

あかつきのたれとき星も山の端に、まだ出なくにかへるせなかな

を引いている。
さて、現代では宵の明星・暁（夜明け）の明星が最も普通で、地方によって明星をミョードー（群馬、静岡）、メジョ（宮崎）と訛り、特にミョウジン（明神）と呼んでいる地方は珍しくない。
例えば、伊豆の網代でも、志摩でも、ヨイノ明神・ヨアケノ明神といい、山形小国郷の猟夫《マタギ》たちは、クレノ明神・デノ明神といっている。そして、これらに対して、夜なかにも見られる木星を、ヨナカノ明星、または明神と呼ぶ地方も多い。
つぎに宵の明星を、
ヨイボシ　ユーボシ　クレノホシ
暁の明星を、
アケボシ　アケノホシ
ということも自然である。磯貝勇君によると、島根地方にはヨイトドボシの名がある。「宵とど」は、宵から早く寝る意味で、金星が現れてすぐ引っこむからであるという。
「大分地方方言集」には、
ヨイノミョウジン　ヨイノボシ　イチバンボシ　キラボシ
オオボシ（大星）　ヌシトボシ（盗人星）
が出ていた。一番星はどこでもいうが、オオボシは、地方によりシリウスである。

珍しいのはヌシトボシ（盗人星）だが、出入りの早いことをいうのだろう。そして、これと意味の通ずる、

トビアガリボシ（飛び上り星）　カケアガリボシ（駆け上り星）

は分布が広い。房州勝浦の老漁夫は、この星は「三時ごろに水平線から三間ぐらいにとびだす」と言い、「夜釣りに行っていて、ああ、もうトビアガリがあんなに高くなったから、そろそろ帰り支度すべえなどと言う」といった。

次ぎに暁の明星には、

メシタキボシ（飯炊き星）　カシキオコシ（炊夫《かしき》起し）

という方言がある。前者は静岡・三重・高知などから報ぜられ、函館でもいうと聞いた。沖に出ていて、金星の出るころ飯を炊くからで、また後者は、炊夫がそのために起されるからで、これも分布が広い。梶川勝氏は紀伊大島の漁夫からカシキナカシ（泣かせ）という名を聞いた。年少の炊夫が泣き泣き飯を炊くからである。

沖縄にもユーバナブシ（夕飯星）、ウクシフシ（起し星）など、これらに通ずる名がある〔琉球の星参照〕。

終りに、宵の明星を、

キヌボシ（絹星）　キヌヤボシ（絹屋星）

という地方が、広島・愛媛・岡山・島根・岐阜などにある。

初め磯貝君は、広島で、昔絹屋の美しい娘が自分が死んだら星になる。それを絹ですかして見れば九つになっている、と遺言して死んだと聞いた。

これは金星に限らず、光の強い星なら絹をすかせば、回折現象で幾つも見えることから生まれた説話で、

高い天の星や絹屋の娘、絹でおがめば九つに　（広島安佐郡）
わたしゃ九つ絹屋の娘、星になるから見ておくれ　（愛媛大三島）

というような俚謡が伴っている。なお東京の近くでは、八王子でもこれが言われているそうである。

流星の和名

中国では流星をいろいろに分類していた。例えば、痕を残さないものを飛星、光を引くものを流星、一名奔星という。また流星でも声を発するのを天狗、声のないのを狂夫という。その他にも天雁、地雁などがある。日本でも昔はこの分類に従って、古書には、流星を主に、時には奔星、天狗星の名をも見かける。舒明紀には「天狗《アマツキツネ》」とある。しかし純粋の和名で古くから言われていたのは、ヨバイボシ（婚《よば》い星）であろう。「倭名抄」の景宿に、

流星　兼名苑云、流星一名奔星　和名与八比保之

と註してあり、清少納言も「枕草子」の「星は」に、「よばひぼしだになからましかば」と記している。

狩谷棭斎は、「倭名抄」の註釈に「流星の飛ぶや、蕩子の女家に就くが如きあり、故に与《ヨ》波《バ》比《ヒ》保《ボ》之《シ》と名づくるなり」と記している。

内田氏によると、静岡の志太・榛原郡で、流星をホシノヨメイリといい、他の星に嫁入りすると見て、星の流れるのをヨメッタというという。美しい名である。同時に富山上新川郡ではインキリボシ（縁切り星）といっているという。

ナガレボシは初め流星の訳語であったかも知れないが、最も普通の名になった。江戸の「合類大節用集」には、「流星《ヨバヒボシ》」と「流星《ナガレボシ》」とが載せてある。

漢名の奔星に当るハシリボシ、飛星に当るトビボシ、その他オチボシ（落ち星）、ヌケボシ（抜け星）も静岡地方で多く採集された。岡山でもヌケボシという。珍しい名は青森田名部町でいうキジボシで、雉子が長尾を引いて飛ぶのに見立てたものに違いない。

終りに、流星が消えないうちに、願いごとを三度唱えるとかなうと、昔から言われていて、その唱え言が諸地方に残っている。北原白秋氏編「星に関する伝承童謡」から抜く。

色白《じろ》、髪黒《くろ》、髪長《なが》　（福岡）
飛うだ星や沈め、見た人は栄え　（高知）
土一升、金一升　（宮城）
金星《かねぼし》、金星　（同）

彗星の和名

彗星は、「倭名抄」には漢名の彗星《スヰセイ》と、和名八《ハ》々《ハ》木《キ》保《ホ》之《シ》を挙げている。以後もこれが普通で、ハハキボシに掃星の名をも当てていた。

時には、明和の「雑字類編」のように、

彗星《ハハキボシ》、掃帚星、攙槍、枉矢《チドリガケノ》、長星《ヒトスヂニナガキ》

など、漢名に意訳をつけている例もある。

これらは彗星の形による名で、年代記には、

ほこぼし（戈星・鉾星）

が、しばしば見えている。例えば「醍醐雑事記」には、長治二年（一一〇五）に「鉾星」が出現して、形は紅絹を引いたようで、長さ五尺ばかりとある。

また、清少納言は「枕草子」第三十四段「名恐しきもの」のくだりに、「ほこ星」を挙げている。北村季吟の「春曙抄」には、これに「異本ひこぼし牽牛也」と註しているが、

それでは恐ろしい名にはならない。

それから、

ほたれぼし（穂垂れ星）

というのが、「扶桑略記」の朱雀天皇の条に出ている。天慶四年（九四一）三月、西方に星が現れて、光は白虹の如く、本細く末ようやく広く、程十里ばかり、二ヵ月にわたる。穂垂れ星というもので、その年は天下頗る豊かであった、とある。

これと同じ形と思われるものに、

いなぼし（稲星）

があって、寛保三年（一七四三）十一月、文政八年（一八二五）九月に出現した。あとの記録では、この星が現れると米価が騰貴するという流言で、果して「十一月米一石百目、油一升四匁、豆腐十二文、油揚豆腐四文に至る」とある。

また、「大方丈記」には、

あふぎぼし（扇星）　　ごくわうぼし（御光星）

が出ていて、その文に、

延宝八庚申の年（一六八〇）神無月初つかたとよ、毎夜ふしぎの客星あらはれ、諸人あやしみ見る事限りなし、その形扇をなかばひろげたるが如く、すゑひろにて長さは十丈ばかりにして布を引けるごとくに西より東をさし月をこえてきゆること無し、扇星あるひは御光星又は彗星などいふ人もあればそのころある人の発句に「扇とはげにそらごとよ彗星」と口々にとりさたし云々

とある。この狂句が謡曲「班女」物狂いから出ていることは明白である。

以上は主として文献に漁った和名で、現代では主としてホウキボシだが、内田氏によると、今もイナボシ、イネボシ（稲星）と呼んでいる地方が、静岡・神奈川・福井・岩手などにあり、宮良当壮氏によると、沖縄糸満ではイリガムブシ（入れ髪星）である。また、志摩の和具町にナギナタボシ、舞鶴地方にオビキボシ（尾引き星）があると聞いた。

これは多く、その形のものが現れた時の名を伝えていると考えていいだろう。

保井春海の星名

保井春海、後の渋川助左衛門（寛永十六―正徳五）は、江戸時代のすぐれた天文家であった。貞享暦《じょうきょうれき》の編者として、霊元天皇から内勅があって津々茂利《つつもり》の号を賜わり、また、将軍綱吉から初めての天文方に任ぜられた。

春海は万治三年に、中国で商の巫咸《ぶかん》、斎の甘徳、魏の石申三家が撰定した計二百八十三座、一千四百六十五星に漏れた星を新たに選んで、六十一座、三百八星に和名をつけた。次ぎに掲げるのがそれである。

天の赤道から北の星では、

天湖（五）　湯母（四）　宰相（一）　非参議（九）　兵部（六）　市正（七）　鎮守府（二）
軍監（三）　天蚕（六）　右京（八）　左京（八）　諸陵（五）　右馬寮（八）　左馬寮（三）
兵庫（一）　大蔵（七）　天帆（九）　天轅（八）　玄蕃（五）　大学寮（六）　主水（四）
造酒司（七）　民部（八）　宮内（九）　少将（八）　大将（二）　中将（八）

を加え、赤道から南では、

湯座（二）　内侍（三）　采女（二）　腹赤（二）　外衛（四）　主計（二）　天俵（十六）

主税（五）松竹（五）鴻雁（八）大炊（九）萩薄（五）太宰府（五）小貳（二）
大貳（二）曽孫（二）玄孫（二）隼人（四）簶（五）胡籙（六）織部（四）斎
宮（二）陰陽寮（三）雅楽（三）刑部（五）右衛門（三）左衛門（三）

を加えた。そして、北極をめぐる紫微垣《しびえん》には、

神祇（八）式部（七）治部（六）中務（五）御息所（一）東宮傅（一）内膳（三）
大膳（七）

を加えた。

この命名法は中国名を摸倣したものだが、それ以上に巫・甘・石三家の命名星――多くは三代の官名に一致するよう、日本の八省百官の名を選び、その他でも漢名と調和する名を選んでいる苦心は大いに認むべきである。

例えば、紫微垣の帝星に近い無名の星を御息所《みやすどころ》とし、天船（ペルセウスの中）の北に天帆を設け、天厩（アンドロメダ）に近く左馬《さめ》寮と右馬《うめ》寮を置き、天倉（鯨座）の傍らに天俵を積み、五車（馭者座）の近くに天轅を置き、天苑（エリダヌス）の中に鴻雁をとばせ、弧矢（大犬座）に対して、簶《えびら》と胡籙《やなぐい》を備え、丈人・子星・孫星（鳩座）に近く曽孫・玄孫を列べるというふうである。

酒泉の太守李白が歌ったので有名な酒星（獅子座）に対して、その近くの七星を結んで造酒司《みきのつかさ》と名づけた如きは、泉下の詩聖を微笑させたであろう。また、正月に太宰府から

内裏へ奉ったいわゆる腹赤《はらか》（魚）の奏の腹赤を、采女《うねめ》（献膳の女官）と共に、箕宿（射手座の西半）の近くに名づけたのは、この宿が後宮后妃の府であるのにちなんだと思われるが、まことに凝ったものである。

もっとも全てがこうなっているわけではない。漫然とあちこちに配置されたものも多い。しかし、隼人《はいと》、主税《ちから》、主計《かずえ》、市正《いちのかみ》、大炊《おおい》、民部、雅楽《うた》、織部《おりべ》、中務《なかつかさ》等々が、今日の耳に何と奇抜に、また講談気分をもそそることだろう。中には萩薄《はぎすすき》（鳩座）や、松竹（エリダヌス）のような判断に苦しむ名もまざっている。

春海のこの命名は、今ではわたしなど好事家の興をそそるに止まるが、日本の天文学のために気を吐いた抱負と努力とは永く記憶せらるべきだろう。彼は寛文十年に、天球儀を造って将軍綱吉に献じた。今、上野の博物館所蔵のものも彼の作である。

また春海の子、保井昔尹《ときただ》には、元禄十二年、「天文成象方円図」の著があって、それにも巫咸・甘徳・石申三家の命名星を、それぞれ黄と黒と赤とで表わして、父の命名星を青で示してある。こうして春海の星名は江戸時代には相当に行われて、天文書にも掲げられ、天文図の写しも刊行されて、今でも古書展覧会などで見かけることがある。

春海は若いころ算哲と称して、幕府碁所に仕え、相当の名手であったことや、碁盤の中央の星に石を置いて、「北斗の先ン」という手を考えだしたことなども、その道の話柄になっているようだが、わたしは、彼が布石の上に天文を思い合わせた心理を面白いことにしている。

文化時代の（鳥江正路著）「異説まち〳〵」という随筆の中に、春海について二、三の逸話が出ているが、

天和の初にや、扇星といふ星出たり。要《かなめ》と覚しき所に、大きなる星ありて、其星より扇を開きたるごとき気有しとなり。母は庄内にて見たりしと也。渋川助左衛門此星を見て、此分野は越後にあたりたるといひし也。程なく越後公滅家し給ふと也。

とあるのを見ると、助左衛門の春海も中国伝来の星占いをやったこともあるらしい。

分野《ぶんや》とは、中国で二十八宿を十二辰に分ってそれを全国の十二州に割りあて、各辰の中に起る日・月・五星の変異でそれぞれの州の吉凶を考えたための名称で、日本でもそれに倣《なら》っていた。江戸の円形天文図には、周囲に分野の国名が記してあって、越後は佐渡や越中と共に、牛宿《ぎゅう》（今の山羊座の西半部）に配当されている。

なお、「異説まち〳〵」には、こんな逸話も出ている。助左衛門は、

夜々天文を学ぶに、京の大仏の二階に登りて星を伺ふ事三年也。心用出情のことなりと云。星を見習ふ者のいふ、常人の星へさすには、あれかこれかとおもふに、助左衛

門の指すには、直にこなたにて見付けり、達人の妙也と。さ程の助左衛門なれど、陰陽師身の上しらずとかやにて、駿河台の屋敷にて朝の事なるに牡丹畑へ出けるに、人喰犬出て喰付、喰倒しけるとかや病死のこと、は是なりといふ。

この春海の最期の記述には、いたいたしいほど実感がある。そして、「陰陽師身の上知らず」でかたづけられたことにも、時代の先覚者の運命を思わせられる。

二十八宿の星名

星の和名に関連して、これは書いておく理由がある。古く中国から伝わった二十八宿は、江戸時代に訳名を与えられて、それが節用集や辞書類の中に散見するからである。「古事類苑」には、元禄年中の貝原益軒編「和爾雅」の天文部のものを引用しているが、訳名のカナに誤写があるらしいので、ここには、天明本の「雑字類編」を中心に、その他の書を参照して、正しいと思われるものを写してみる。

二十八宿 宿音呼二音秀一。 夙、俗

角《スボシ》《カク》 亢《アミボシ》《カウ》 氐《トモボシ》《テイ》 房《ソヒボシ》《バウ》 心《ナカゴボシ》《シン》 尾《アシタレボシ》《ビ》 箕《ミボシ》《キ》 東南 斗《ヒキツボシ》《ト》

牛《イナミボシ》《ギウ》 女《ウルキボシ》《ヂョ》 虚《トミテボシ》《キョ》 危《ウミヤメボシ》《キ》 室《ハツキボシ》《シツ》 壁《ナマメボシ》《ヘキ》 東北 奎《トカキボシ》《ケイ》 婁《タタラボシ》《ロウ》 胃《エキヘボシ》《イ》 昴《スバルボシ》《バウ》 旋頭星同 畢《アケリボシ》《ヒツ》 觜《トロキボシ》《シ》

参《カラスキボシ》《シン》 西北 井《チチリボシ》《セイ》 鬼《タマヲノホシ》《キ》 柳《ヌリコボシ》《リウ》 星《ホトヲリボシ》《セイ》 張《チリコボシ》《チャウ》 翼《タスキボシ》《ヨク》 軫《ミツカケボシ》《シン》 西南

新村出先生によると、享保十六年跋の写本「星座円稿」や、ほぼ同時代の写本「宿曜経諸伝授纂要和解」にも大体これと同じ名が出ていて、この系統は古く江戸時代からであろうという。

ところで、博士も書かれている通り、以上の振り仮名は、主として宿名の字義に拘泥して当てた新造語らしい。一見雅語らしくて、しかも一々辞典に当ってみても無い言葉が多くて、どうしてその漢名からこんな訳名が考え出されたか判断がつかない。もっとも少数は、すでに行われた和名を当てているし、他にうまく意訳しているものもないではない。次ぎに順を追って検べてみよう。

角（スボシ）　二十八宿では青竜の角だが、新村博士はこれをスミボシの意かと判じられている。同感である。

亢（アミボシ）　原意は青竜ののどである。「雑字類編」ではアシボシ、「宿曜経和解」ではヤミボシで、どれも意味不明である。

氐（トモボシ）　氐は根柢（もと）の意味、モトボシの転倒かと思う。「和爾雅」のヒモボシは誤写だろう。

房（ソヒボシ）　次ぎのナカゴボシに添っている星と解すれば、まず無難だろう。

心（ナカゴボシ）　青竜の心臓で、中心部（ナカゴ）にある。訳名としても巧みである。

尾（アシタレボシ）　青竜の尾が長く垂れていることから。あるいは和名があったかも知れない。「和爾雅」にはアシタボシと誤記している。

箕（ミボシ）　正しい訳だが、純粋の和名ではこれに隣る南斗六星（斗宿）の中の四辺形をミボシと呼んでいる〔みぼし参照〕。

斗（ヒキツボシ）　「宿曜経和解」ではヒツキボシである。共に意味不明。トマス（斗桝）ボシでよさそうである。

牛（イナミボシ）　稲見星と解されるが、意味不明。「和解」には、ヒコボシ、一名オタナバタとある。これは明らかに牛宿を牽牛星と誤ったものである。

女（ウルキボシ）　宮女の十二単《じゅうにひとえ》をウルキというが、これに関係があるだろうか。「和解」では、牛のオタナバタに対してメタナバタと誤っている。

虚（トミテボシ）　不明。虚は暗黒の宿である。

危（ウミヤメボシ）　生みやめ？　危の語意の不吉なことに関係があるか知れない。「雑字類編」ではウシヤメである。

室（ハツヰボシ）　不明だが、ヰ（居）から室に関係あることは判る。室宿は離室（はなれや）である。ハシヰ（端居）かとも考えられる。

壁（ナマメボシ）　ナマコ壁を思った。「和爾雅」ではヤマメボシである。

奎（トカキボシ）　明らかに桝の米をならす斗カキである。天馬ペガススの大方形（室と壁に当る）を今もマスガタボシと呼ぶ地方があることから、このマスにつづくアンドロメダ（ほぼ奎に当る）の一列の星を和名で斗カキと呼んでいたのではないかと思う。「和爾雅」ではトリキボシである。

婁（タタラボシ）　婁《ろう》の原意は小丘で、牡羊座の小さい鈍角三角形をそれと見たのだが、この形を足で踏むタタラと見た和名があったのではないかと思う。

胃（エキヘボシ）　エはイの訛りか。原意はやはり胃ぶくろである。

昴（スバルボシ）　最も古い、純粋な和名である。「宿曜経和解」にはホウキボシとなっている。今でも稀れにそう呼んでいる地方がある。

畢（アケリボシ）　「和爾雅」には正しくアメフリボシとある。これは「丹後風土記」にも「畢宿《アメフリボシ》」とあって、孔子の故事から雨降り星として学者の間では知られていた。

觜（トロキボシ）　觜はくちばし。飼い鷹に餌をやる板をトロイタという由。

参（カラスキボシ）　室町の「易林本節用集」にも参に訓じてあって、スバルと共に堂々たる和名である。「和爾雅」にはウルホボシを併記している。「湿ほす星」の意味なら、梵名意訳の生養宿が、雨露を主《つかさ》どることに関係があるかも知れない。「俚言集覧」には「うるら星参宿の和名」とある。

井（チチリボシ）　不明。松ぼっくりをチチリという。

鬼（タマヲノホシ）　鬼は亡魂で、「和爾雅」ではタマノヲボシである。「和解」には「クセラボシ又ヲニボシ」とあって、後者はむろん鬼だが、クセラはタマヲの誤写かも知れない。

柳（ヌリコボシ）　一方に入口のある納戸部屋をヌリコというが、これでは解釈できない。ヤナギボシでないのが不思議である。

星（ホトヲリボシ）　「熱《ホトオ》る」で、星の光に関係があるかと考えてみたが、微光星ばかりの星宿である。

張（チリコボシ）　散らばっている星の意味か。

翼（タスキボシ）　おそらく「翼《タス》く」からであろう。「和解」にタヌキとなっていて笑わされる。

軫（ミツカケボシ）　原語は車で、何かこれに関係があるだろうか。簡野氏の大字典には、ミツウヂとなっていて、田舎源氏の光氏を思っておかしかった。これ一つでも、それぞれの仮名に誤写や誤植が多かろうことを思わせる。

要するに、苦心に成った二十八宿の訳名も、その道の人々の間で行われた程度で、意味も判じ物に留まっていつとなく消えてしまった。保井春海などが試みたら、もっと自然で正確な訳を後代まで伝えただろうと惜しまれる。

解説

石田五郎

この本は野尻抱影がライフワークとして採集された星の和名七百種を解説したもの（昭和三十二年五月、中央公論社刊）である。

私たちが星空に親しみはじめる時、まず出会うのは四季の星座名であり、またアンタレス、ベテルギウス、カペラ、デネブなどという星の固有名である。星座の起源はオリエントのバビロニア時代までさかのぼるが、それがギリシアに伝わり、神話に登場する神々・巨人・英雄や動物・器物でいろどられた。そしてローマ帝国からイスラム教国を経て近世ヨーロッパに伝承された。しかし星座名は、近世に追補されたものも含めて八十八個に整理され、すべてラテン語で記述される。これに対し星の名前の方は天文学の航跡をおって、ギリシア語、ラテン語、そして大部分はアラビア語に由来する言葉が雑居し、その耳なれない音のひびきが、かえって星空への興味を刺戟するようである。

星の和名は、天文学では使用されていないが、限られた地方で庶民の生活を反映するような呼名が流布していた。それは或いは農事を定め、或いは方角を定める目安として使用されていた場合が多い。当然の結果として明るく目につき易い星ほど、多くの呼名が使用された。

春の夜の北斗七星は大熊座の胴体と尻尾に当る星群だが、「ほくと」「ななつぼし」以外にもいろいろの呼名がある。「しそうのほし」というのは二個のサイコロの目に見立てたものである。双六は文武天皇の世に中国から渡来し、貴族の間で流行したが、サイの目のよび方も「シッチ、シソウ、グイチ、グシ」など特殊であった。今日、瀬戸内の漁村で採集されたこの星名が、「物類称呼」「和漢三才図会」など江戸時代の文献に散見し、さらには室町中期にかかれた「義経記」には「空さへ曇りたれば、四三の星も見えず」と考証は次第に時代をさかのぼる。

同じ星が農村では「かぎぼし」、漁村では「かじぼし」と異ってよばれるのも面白い。

真夏のさそり座は広島地方では「うおつりぼし」あるいは「たいつりぼし」とよぶ。S字形の星座全体を天の川にかかる大釣針に見立てたのである。真赤なアンタレス星と、その両側に並ぶ小星とを「かごかつぎぼし」「あきんどぼし」とよぶ地方がある。「あわにない」または「さばうり」ともいい、豊作の年には荷かつぎ男の赤味がますという。

そしてさそり座のS字の中央にある二重星に「すもとりぼし」「きゃふばい（脚布奪い）ぼし」の名のあるのは細かい観察である。

秋の空高くのぼるペガスス座の四辺形を「ますがたぼし」とよぶのは自然の発想である

が、その北東に連なるアンドロメダ座の星列を「とかきぼし」とよんだのは、あっぱれな命名である。斗掻きとはますに盛った米をならす棒のことで、どのような巨人がこの大ますで米をはかるのであろう。

北極星をはさんで北斗七星とはちょうど一八〇度はなれたカシオペア座のW形を香川県観音寺では「いかりぼし」とよんでいた。またこれが倒立し、足の開いたM形の姿を愛媛県西条では「やまがたぼし」とよんでいた。「しそうのほし」がかくれると、この星が「ねのほし（北極星）」をさがす指針になるということは、現在では日本中でよく知られた事実である。

冬空には明るい特徴のある星が多い。

冬のさきがけで東空にのぼる馭者座には、「ごかくぼし」の名がある横長の頂点を下にした五角形で左上の隅に輝星カペラがこがらしの到来を告げる。

カストル・ポルックスとギリシア神話の双子の英雄の星は「ふたつぼし」「かどぐい（門杭）」とよばれ、また英語でジャイアンツ・アイズ（巨人の眼）とよばれた両輝星が、「かにのめ」「かにまなこ」「ねこのめ」「いぬのめ」あるいは「めがねぼし」の名のあるのも面白い。

スバルは軽自動車の商標に採用されて有名になったが、その名の由来は古く、平安時代の才媛、清少納言の「枕草子」に「星は、すばる、ひこぼし、明星、夕つつ……」とあるが、それより数十年前に　源　順《みなもとのしたごう》が編んだ古代の百科辞典である「倭名類聚抄」には、天部の星の項に「昴星」の名がのっており「和名須八流（スバル）」と訓じている。

スバルは古くは「すまる」ともいい、御統（みすまる）、あるいは美須麻流之珠（みすまるのたま）は「糸で貫きくくったまがたま」の意味である。

「すばる」は農事暦の目印としては恰好の星であり、各地で利用されている。「すばるまんどき粉八合」、これは秋そばのまきどきを教える俚諺である。まんどきとは午時《うまどき》つまり南中の意味で、明け方すばるが真南高くみえる二百十日ごろまくと一升の実から八合の粉がとれるという教えである。麦まきは「すばるの山入り麦まきじまい」とあり、明け方すばるが西の山端に傾く十一月の頃をいうのである。

すばるとは牡牛座のプレアーデス星団で、肉眼では六個の星がみえ、「むつらぼし」「ろくれんじゅ」「ろくじぞう」などの名もある。またその形から「はごいたぼし」「つとぼし」ともよばれる。

すばるにつづくヒアデス星団は、左に倒れた大きなV字形で「つりがねぼし」または「つきがねぼし」とよばれ、その下端に輝く赤いアルデバラン（アラビア語で従う者という意味）星は、同じように「すばるのあとぼし」という名があるのも面白い。

オリオン座は「みつぼし」あるいは「さんじょうさま」である。等間隔に並んだ三星は特に目につき、この他にも「さんこう（三光）」、「さんだいしょう（三大星）」などの名がある。またその並んだ形から「かせぼし」「たけのふし」「はざのま」ともよばれる。かせとは紡いだ糸をまくI字形の道具で、はざとは刈りとった稲束をかける横棒である。

アルゴ座の一等星カノープスは、中国では「南極老人星」の名があり、赤らがおの寿老人の姿に擬せられるが、真冬の二月前後に地平すれすれに南中する。出てはすぐ沈むので岡山地方では「さぬきのおうちゃくぼし」という。私が現在勤務している岡山西部にある観測所のドームのバルコンからは、冬になれば毎夜のように香川県の坂出、丸亀の上にこの星が出現する。香川地方では「とさのおうちゃくぼし」になる。同じようにこの星の見える方角により播州（兵庫県）では「なるとぼし」「あわじぼし」の名がある。

＊

野尻抱影先生が、このように星の和名蒐集を志すきっかけとなったのは新村出博士の著書である『南蛮更紗』であった。大正十三年改造社出版のその初版本は、赤地に白ぬきの草花と緑の象文様のサラサ染のしゃれた表紙で「雪のサンタマリヤ」「吉利支丹文学断片」などと南蛮趣味にあふれた本で多くの愛読者を得ている。その中に「日本人の眼に映じたる星」、「星に関する二三の伝説」、「二十八宿の和名」、「星月夜」、「昴星讃仰」、「星夜讃美の女性歌人」と星について六篇の論文が採録されている。特に第一の「日本人の眼に映じたる星」は明治三十三年「言語学雑誌」に発表されたもので、日本言語学の祖といわれたチャンブレン氏の「日本文学には星辰の美を詠じたものがない」という説に反対し、アマツミカホシに始まり、七夕、北斗、北辰、老人星、スバル、よばいぼし（流星）が記紀、古歌、俳諧などの例文で紹介された。「昴星讃仰」ではスバルの美をたたえ「……女性歌人」では建礼門院右京大夫の家集を「日本文学絶無の文学」と絶讃している。

流麗な新村博士の文章に開眼されて抱影先生が最初に星の和名を採集したのは大正末年のことで、矢崎才治氏（信州諏訪）から一升ぼし（スバル）、つりがねぼし（ヒヤデス星団）、ついでは大庭良美氏（島根）からかごかつぎぼし、すもうとりぼし（さそり座）が報ぜられた。

これらの星名は珠玉の随筆、あるいはラジオの講話として全国に発表され、それ以来反響をよんで各地から星の和名が先生の手許に報ぜられるようになった。そしてこれを身辺の資料と併せて整理し、四百種の星名の比較考証を試みたものが昭和十一年『天文随筆・日本の星』として研究社から刊行された。この本の前身である。

民俗学の立場からは渋沢敬三氏の主宰するアチック・ミューゼアムが山陽・四国路で採集した結果を昭和十五年『瀬戸内海島嶼巡訪日記』として発表した。

また内田武志氏（秋田）は戦前は静岡市に住み、昭和四年より柳田国男氏に師事し、病臥の身でありながら民俗学のアンケート調査を精力的に行い、方言調査の結果の一部として、静岡を中心として採集された豊富な星の和名は昭和二十四年『日本星座方言資料』として発表され、この本は『星の方言と民俗』と表題をかえ内容は同　のままで昭和四十八年に岩崎美術社から復刻された。

戦後には姫路高校の桑原昭二氏が天文気象班の学生を動員し十年間にわたる星名採集を行い、昭和三十八年に『星の和名伝説集――瀬戸内はりまの星』という編著を六月社から刊行している。

この他に日本各地に散在する諸氏から報ぜられた情報は、抱影先生の古今東西の文学に対する該博な学殖と、透徹した詩人の直観力によって手ぎわよく料理され、ここに七百種の星名の集大成を見たのであるが、この仕事を支えるものは、抱影先生の常に変らぬ星への恋慕の念にも似た若々しい情熱なのである。

巻末エッセイ　天空の情緒

松岡正剛

新村出の『南蛮更紗』がすべてを暗示した。

いまさらいうまでもないけれど、『南蛮更紗』は「雪のサンタマリヤ」「吉利支丹文学断片」といった洒落た南蛮趣味の随筆で一世を風靡した随想集である。こういう随想を綴れる文人が少なくなったなどという苦言はこのさいおいて、ここには「日本人の眼に映じたる星」「星に関する二三の伝説」「二十八宿の和名」「星月夜」「昴星讃仰」「星夜讃美の女性歌人」という六篇の星に関する言及が収められていた。

最初の「日本人の眼に映じたる星」がとくに有名で、当時の日本言語学を牛耳っていたチェンバレンの「日本文学には星辰の美を詠じたものがない」という説に、新村出が華麗に反旗をひるがえしたものだった。日本には昔から和名の星があり、アマツミカホシから北辰北斗をへてヨバイボシ（夜這い星）などがずらりと揃っていると綴ったのである。明治三十三年のことだった。

大正末期、これに若き天体民俗学者の野尻抱影が呼応した。抱影は、神奈川一中で獅子座流星群の接近に遭遇して以来の天体少年だった。中学四年の修学旅行では急病になり、そのとき病室で見たオリオン座が忘れられなくなっていた。

その後、早稲田大学の英文科で彼の地の文芸の修養をつみ、ラフカディオ・ハーンに習って日本の心を教えられ、東西の意志を結ぶには、きっと天体をもってこそ答えたいという使命に燃えていく。それには日本の星にも歴史があることを証明しなければならなかった。二十四歳のときに見たハレー彗星も目に焼きついていた。

抱影は山岳に憧れ、南アルプスに夢中になっていたのだが、そこから星は手にとれるようだった。ただ、それらの星々を日本の名前で指さしてみたかった。

こうして星の和名の収集が始まった。抱影の昭和史だ。

むろん実際の天体も観測しつづけた。そのころ抱影が愛用していた天体望遠鏡〝ロング・トム〟のことは、日本の天体少年で知らない者はない。スティーブンソン『宝島』に出てくる海賊の大砲名である。

抱影の呼びかけに応じて日本各地から星の呼び名についての便りが押し寄せた。「スバルは一升星という」「ヒヤデス星団は釣鐘星という」といった報告だ。抱影はそのことを次々に新村出ふうというか、ラフカディオ・ハーンふうというか、独得の文体で雑誌に発表し、ラジオで紹介していった。昭和十一年、『天文随筆・日本の星』として研究社から刊行されたのがその当初の成果だ。本書の前身にあたっている。

　野尻抱影の「抱影」の名は、学生時代に島村抱月と演劇研究をしたときに名付けた〝星名〟である。抱月はスペイン風邪で急逝し、先妻もスペイン風邪で亡くすのだが、抱影のほうは小さな鶴のように長寿を全うし、まさに星に届くほどに星影を抱きつづけた。

　英文学から演劇へ、そこから山岳をへて、星辰へ。そういうコースだったといえるけれど、実はなんであれ、気に入ればどんなことにも打ちこんだ。

だから研究社の『英語青年』の初代編集長も、『中学生』誌上の「肉眼星の会」の主宰もつとめたし、そのかたわらで透徹した好奇心をもって自然や天体を眺め、漢籍や和綴本を渉猟しまくった。そのひとつに昭和九年からの、牧野富太郎は植物を、自分は天体を担当して小中学生のための旅行合宿をしつづけた「自然科学列車」という企画もあった。元祖・環境体験学習である。

　ここではふれないが、ちょっとした物語（たとえば『土星を笑ふ男』）を文芸誌に載せて、評判をとったりもした。交遊も広い。志賀直哉とは志賀の一家が野尻邸を訪れて北斗七星のミザルを見てからの昵懇の仲で、その後の終生の心の友となっている。その抱影の実弟が、これまたぼくが大好きな『鞍馬天狗』の大佛次郎なのである。

本書は春夏秋冬の順に、星の和名を追って天体を覆ってみせたものである。日本初の「星の民俗学」というべきものだが、浪漫に富んでいて、知がまたたく。次から次へと繰り出される日本の無数の星言葉には、日本各地の民俗習慣風俗が縦横無尽に織りこまれ、これらを双六の賽の目を読むようになんとなく読んでいるだけで、和風の天体模様に自分の全身が染まっているのが見えてくる。そんなエキゾチックな風情が味わえる一冊だ。

日本の星の話が、いったいどうしてエキゾチックなのかなどと問うてはいけない。新村の『南蛮更紗』がそうであったように、宮沢賢治や北原白秋がそうであったように、日本の山水や天体は、これをちょっと魔法にかければたちまち異国の風情がペパーミントの香りのごとくたちあらわれてくるものなのだ。異国の風情で悪ければ、天空の情緒といいかえればいいだろう。

たとえば「四三の星」（しそうのほし）である。「舵星」（かじぼし）である。「剣先星」（けんさきぼし）である。いずれも北斗七星の異名であるが、「四三の星」は天にサイコロをぱっと振ったら四三の目が出て、それが北天に開いた北斗になったというもの、「舵星」は天空を疾走する船の舵、「剣先星」は北斗の柄の先の鋭い見立て、両方ともが伊予水軍や村上水軍が波濤をこえて自身の船団を北へ進めるときにつかっていた用語であった。

星に賭けた人だった。星名を調べ尽くした人だった。それだけではなく、そこに「星の仁義」とでもいうものを通していった。

「ガニノメ」という星がある。ふたご座のαとβのことだ。「蟹の眼」が訛ったもので、愛媛地方でカニをガニというところから派生した。ヨーロッパではこれをジャイアント・アイという。それが日本ではカニの二つの眼になっている。そこで調べていくと、茨城ではカニマナク、熊本ではカニマナコになっていた。

ところがさらに調べると、駿河あたりの漁師たちはカレーンホシという。何のことかが最初はわからなかったが、いずれ魚のカレイの二つの眼であることが判明する。抱影は書く、「カニ以上に生なましい見かたなのに驚かされた」。各地の和名がそれぞれ海中生物に見立てているのかというと、そういうこともない。播磨ではカドヤボシ、安芸ではニラミボシなのだ。角を曲がれば二つの眼。まことに俗曲のようである。

抱影はこうしたことを綴ったうえで、これらが庶民たちの天候予想にも関与したことをあげ、最後に「月のないのに二つ星キラキラ、あすはあなたに雨投げる」という俗謡をそっと出し、これらの星がときに「ナゲボシ（投げ星）」と呼ばれてもいたことをもって、全部の和名を天空に返してしまうのだ。ぼくはこの手順に「星の仁義」を感じる。

ところで抱影は星の専門家である以外に、乞食と泥棒の専門家でもあった。なぜ星の専門家が乞食と泥棒に関心をもつのかというと、ぼくが直接に聞いたことだが、「あなたねえ、天には星でしょ、地には泥棒、人は乞食じゃなくちゃねえ」というのである。

　この話になる前は、エマニュエル夫人が坐るような大きな籐椅子に腰をかけたまま、足をトンと踏んでみせ、「あなた、いまあたしが何をしたかわかるかな？」であった。むろんぼくはさっぱり見当もつかず目を白黒させていたのだが、そこで抱影翁が言うには、「いまね、あたしの足の下で地球がくるっと回ったんですよ」なのである。

　そのとき抱影翁は九十歳を超えていた。ただただ呆然としているぼくのことにはおかまいなく、つづいてこういう御託宣をくだすのだった。「一カ月に一度くらいは地球の上に乗って回っているんだということを思い出しなさいね」。「ついでにもうひとつ、五十歳までは人間じゃないよ。五十歳くらいでちょっと形がついて、まあ六十歳くらいから人間になっていくんですよ」。

　それからぼくは、抱影翁の本づくりにとりかかり、『大泥棒紳士館』という一冊を出版することになる。

　けれどもまもなく翁は亡くなった。一九七七年十月三十日のことだった。そのときの遺言がものすごい。「ぼくの骨はね、オリオン座の右端に撒きなさい」。その五日前の十月二十五日に、稲垣足穂が亡くなった。これらの訃報をぼくはフランスとイギリスで電報で知らされた。

日本に戻ったぼくはすぐさま『遊』の特別号にとりくみ、「野尻抱影・稲垣足穂追悼号」として構成すると、「われらはいま、宇宙の散歩に出かけたところだ」という追悼の辞を表紙に散らした。

たった一カ月くらいの作業だったが、工作舎のスタッフは誰も寝なかった。毎晩が星集め、ホーエイ彗星集め、タルホ土星集めの日々だった。抱影語録も徹底的に集めた。たとえば「真珠色の夜ともなれば、私の想像は、この満目ただ水なる河谷の空に、熱国の星々を、やがて更けてはシリウスの爛光を点じてみたくなる」。「オリオンが初冬の夜、東の地平から一糸乱れぬシステムでせり上がって来た姿は、実に清新で眼を見張らせる」。「北斗七星は金色のクランクで、北極を中心に、夜々天球をぶん廻してゐる」というふうに。

そこへ最後になって、ご子息の堀内邦彦さんが格別の原稿を寄せてくれた。ぼくは編集担当の田辺澄江と相談して、こんな文句をタイトルにした。「お父さん、今夜は旅立ちには絶好の、星のこぼれる夜ですよ」。

（まつおか・せいごう／編集工学者）

「松岡正剛の千夜千冊」三四八夜より再録

編集付記

一、本書は『日本の星　星の方言集』（一九五七年五月、中央公論社刊）を文庫化したものである。
一、改版にあたり、中公文庫ＢＩＢＬＩＯ版（二〇〇二年八月刊）を底本とし、同書新装版単行本（一九七三年八月、中央公論社刊）の「はしがき」を旧字を新字に改めて加えた。また、新たに巻末エッセイを付した。
一、底本中、明らかな誤植と思われる箇所は訂正し、難読と思われる文字にはルビを付した。
一、本文中、今日の人権意識に照らして不適切な語句や表現が見受けられるが、著者が故人であること、執筆当時の時代背景と作品の文化的価値を考慮して、底本のままとした。

中公文庫

日本《にほん》の星《ほし》

——星《ほし》の方言集《ほうげんしゅう》

1976年7月10日　初版発行
2018年12月25日　改版発行

著　者　野尻《のじり》抱影《ほうえい》

発行者　松田陽三

発行所　中央公論新社
〒100-8152　東京都千代田区大手町1-7-1
電話　販売 03-5299-1730　編集 03-5299-1890
URL http://www.chuko.co.jp/

DTP　平面惑星
印　刷　二晃印刷
製　本　小泉製本

Published by CHUOKORON-SHINSHA, INC.
Printed in Japan　ISBN978-4-12-206672-4 C1144

定価はカバーに表示してあります。落丁本・乱丁本はお手数ですが小社販売部宛お送り下さい。送料小社負担にてお取り替えいたします。

各書目の下段の数字はＩＳＢＮコードです。978－4－12が省略してあります。

中公文庫既刊より

の-4-4
星三百六十五夜　春
野尻抱影
浮き立つような春の夜空に輝く幾千の星。そこに展開する幾多の心模様……。九十一年間、星を愛しつづけた詩人から星を愛する人達への贈り物。春篇。
204172-1

の-4-5
星三百六十五夜　夏
野尻抱影
夏の夜に怪しく光る赤いアンタレス。そして銀河を巡る幾多の伝説。九十一年間、星を愛しつづけた詩人から星を愛する人達への贈り物。夏篇。
204213-1

の-4-6
星三百六十五夜　秋
野尻抱影
夜空の星に心込めて近づくとき、星はその人の人生の苦楽を共にしてくれる。九十一年の生涯を星を愛しつづけた詩人の、星を愛する人たちへの贈り物。秋篇。
204076-2

の-4-7
星三百六十五夜　冬
野尻抱影
しんと冷えた冬の夜空に輝き渡る満天の星。澄み渡った夜空の美しさ……。九十一年の生涯を星を愛しつづけた詩人から星を愛する人達への贈り物。冬篇。
204127-1

の-4-11
新星座巡礼
野尻抱影
日本の夜空を周る約五十の星座を、月をおって巡礼する、著者の代表的天文エッセイ。大正十四年に刊行された処女作をもとに全面的に改稿した作品。
204128-8

の-4-12
星　戀
野尻抱影
山口誓子
山口誓子の句に導かれ、天体民俗学者・野尻抱影が紡いだ星の随筆。星を愛する二人の思いが天空で交差する、珠玉の随想句集。
206434-8

い-107-1
天文台日記
石田五郎
岡山天体物理学観測所の副台長であった著者による天文台日記。星に憑かれた天文学者たちの天文台での観測生活が、その息遣いとともに感じ取れる一冊。
204318-3